家,這樣配色才有風格

從**鄉村、北歐、古典、現代風**到**木空間**
設計師教你展現風格的 **300** 個 配色 idea

、 目錄 、

※ 本書提供之圖片及色塊,受限於 4 色印刷技術,與實際漆色稍有差別,選色請以得利色卡為主。

、 序 、

隨色彩流轉演繹的空間風格

　　建築與空間設計是時代的產物，「風格」是語言，講究的是一種生活態度，一種自我品味的展現。

　　色彩，為創造風格的重要元素之一。

　　當我們開始抽絲剝繭仔細看待色彩與空間及材質之間營造出來相互呼應的關係，從色相與色相之間濃淡深淺的微妙變化、文化氣息濃厚的地域性色彩、自然材質與色彩的對話甚至當代人類的經濟或社會脈動，都可以歸納出某一些色彩群組及色調。但色彩又是流動的、不拘泥形式、隨時代變化且可展現各種風格樣貌及效果的。

　　色彩因地因時因人制宜的多元特性，充分展現建築空間及居住者的性格，可以當背景，也可以是主角，使用色彩得當，則風格不遠矣。

　　美感的體驗是視覺的、感官的，本書透過空間中所有材質色彩的實際展現，幫助我們理解鄉村、古典、北歐、現代、木空間中的色彩運用，但最好的是身歷其境，才能完全體會空間之美。

　　看完本書，不妨使用色彩開始自己的風格生活。

得利色彩研究室

1

用色原則

>point 1 認識色彩

色彩之所以變化多端,是因為色相、明度、彩度這三個屬性彼此交互影響而成;只要色相稍微往旁延伸,或兩(多)色混合,有了明暗、加了黑白,就會出現繽紛多彩的變化。因顏色種類太多,為方便溝通,會以「色票」協助辨識。

色相環

簡單說,色相環就是將光譜上人可視光所形成的顏色頭尾相連而成的結果,也就是彩虹的顏色。

紅橙黃綠藍紫等色相以逆時針相連,由紅到橙、橙到黃、黃綠到綠、綠到綠藍、綠藍到藍、藍到紫、紫到紫紅、紫紅到紅,從紅色開始慢慢渲染到下一個色相環繞一圈。觀察色相環,凡相對(180度)的顏色,稱為「互補色」或「對比色」,如紅色與綠色;相鄰的色,稱為「鄰近色」,如紅色、紅橙色、橙色等。

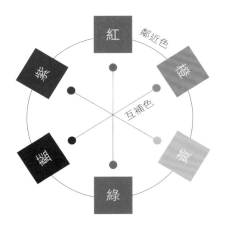

色相

色相指的是顏色的外相,也是色彩的主要表徵。色相表徵取決於不同波長的光源照射,以及有色物體表面反射並由人眼接收時所感覺不同的顏色。除了黑白灰以外的顏色都有色相屬性,如紅、橙、黃、綠、藍、紫。

明度

明度是指色彩的明暗程度，也就是色彩對光線的反射程度，這是由光線強弱所決定的一種視覺經驗。同一色相會因為明度高低產生亮暗變化，例如綠色由亮到暗有亮綠、正綠、暗綠等明度變化，當顏料加入愈多白色，明度愈高；加入不同程度的灰黑，就會降低明度。

因應空間中的光線強弱，選擇不同明度的色彩，可以調節視覺舒適度。如西曬或陽光充足的空間，選擇低明度色彩，就不會感覺太過刺眼。

同一視覺平面採用同色相但不同明度的色彩，也會有不同的空間效果，如在空間中若天花的明度比地坪高，可能會有天花板變高的視覺感受。

彩度

彩度指的是色彩的鮮豔度、飽和度、濃度或色度，是色彩三屬性之一。

三原色紅、藍、黃的彩度最高，彩度也相同，中間色或複合色彩度則較低，口語上說大紅色比淺紅色更紅，指的就是大紅色的彩度較高；以顏料為例，紅橙黃綠藍紫等純（正）色的彩度最高，若互相混合其他顏色，就會降低原本的彩度，混入其他顏色的比例愈高，新產生的顏色彩度就愈低，尤其加入黑、白、灰更會明顯降低色澤彩度，因黑、白、灰三色屬於濁色，會讓顏色不飽和，不過，加入白色的顏色雖會降低飽和度，但會提高明度，而混入黑色，則明度與彩度都會降低。

明底低 ●————————● 明度高

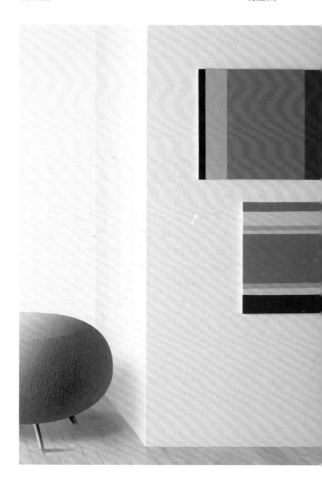

彩度低 ●————————● 彩度高

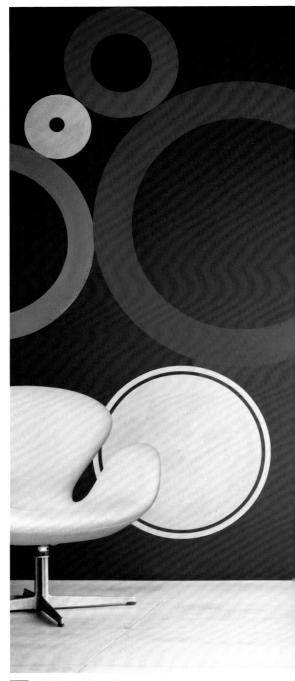

透過色彩得知人的心理動向，只要了解人受到哪些顏色什麼樣的影響，就可以有效運用色彩在空間中改變氛圍。

色彩 v.s. 心理感受

　　從學術觀點出發，色彩心理學是以科學觀點來探究人見到色彩後所產生的主觀感受，進而歸納而成的結果，因而可透過色彩得知人的心理動向，同時在生活上也能有所幫助。只要了解人受到哪些顏色什麼樣的影響，就可以有效運用色彩在空間中改變氛圍。

　　有趣的是，根據實驗色彩心理學還與年齡、職業及社會心理學有關！例如兒童多半喜愛粉嫩或鮮豔的顏色，隨著年齡增長，就愈傾向較低彩度的色彩；成年人喜愛淡雅色等。不過，雖然對色彩的感受因人而異，但因人類的生理構造及生活環境存在著或多或少的共通性，因而在色彩心理學上也存在著共同的感情，例如紅、黃、橙屬於暖色，藍、綠色就給人冷感；明度較高的色彩給人感覺較輕盈明快、也較柔軟；彩度較高的色彩給人感覺較為強烈。雖非專業研究，但若能涉獵基礎的色彩心理學，再搭配個人實際感受運用，絕對能在生活中為空間加分不少。

得利電腦調色漆參考色票
Dulux 10BB 13/362

色彩與空間的關係

色彩 ✕ 空間大小

　　若要改變空間大小給人的視覺感受，運用顏色來調整可說是最為簡單便利且經濟的方式，顏色運用得宜，可以讓人對空間的視覺感受與實際大小有所差異。最基礎的色彩運用方式，若要讓空間看來更高挑，由天花、牆面到地坪，可選擇三種明度的色彩，並依明度最高、次高與明度最低的方式呈現，因為色彩在空間上的呈現是經由人的視覺觀感比較而來，因而高明度的天花會讓人感覺輕盈，也使得空間呈現更為高挑，這也是許多居家空間以白色作為天花主色的原因；同理，在平面的空間中也可以相同方式來創造「魔術大空間」。

　　此外，還可以利用深色後退的效果擴大空間感，舉例來說，玄關或走廊端景採用深色系，會有景深及後退效果。不過，要運用深色系來放大空間，需搭配合宜的自然採光或人造光源，算是比較高段的空間色彩運用。

得利電腦調色漆參考色票
Dulux 70YY 57/098

若要改變空間大小給人的視覺感受，運用顏色來調整可說是最為簡單便利且經濟的方式，顏色運用得宜，可讓人對空間的視覺感受與實際大小有所差異。

得利電腦調色漆參考色票
Dulux 10RB 17/122

色彩心理是源自於人對於顏色的感受，因此在空間中若能合宜運用色彩，即便是在相同環境下，也能營造出截然不同的氛圍感受。

色彩 × 空間印象

　　正因色彩心理是源自於人對於顏色的感受，因此在空間中若能合宜運用色彩，即便是在相同的環境下，也能營造出截然不同的氛圍感受，就說色彩是打造空間的魔法，一點也不為過。經驗豐富的設計師會告訴客戶，最有效且最經濟改變空間印象的方式，最重要的便是空間中色彩的運用，而運用的方式除了以天、地、壁三個面呈現之外，傢具、窗簾及適度的各色軟件搭配，即便是相同的空間，也能創造出氣氛迴異的視覺感受。

　　舉例來說，若原始空間格局不規則，則可將不規則處如樑、柱等漆上與天花相同的色彩，再將其他牆面漆上另一種色彩，就能有效地修飾畸零空間的不規則；抑或在居家的不同房間裡，選擇單一牆面漆上高彩度色彩，就能為不同房間創造視覺焦點，使得空間擺脫死板看來更為活潑；也可以選定同一色系，並在色階上跳著使用，如鵝黃、芒果黃、土黃搭配使用，更能讓空間層次感增加。

得利電腦調色漆參考色票
Dulux 70GG 39/303

色彩 × 空間明暗

　　色彩是人可見的光線波長，也因此色彩與空間的明暗感受，取決於採用顏色的明度。一般來說，明度愈高或愈淺的色彩，因為對光的反射較強，當有自然光或人造光源進入時，會讓空間看起來更明亮，例如白色就是最好的光線反射色彩；反之，愈暗或明度越低的顏色，就會讓室內環境看來更暗。

　　但值得注意的是，雖然淺色或高明度色彩可創造出相對光亮的環境，但因淺色會強化空間中的稜角及線條，在挑選使用上反而比深色來得更難運用；且一般裝修在與設計師或油漆師傅討論用色時，通常會以色票來溝通，但相同色彩亦會因為塗佈面積而在視覺感受上帶來差異，單一淺色若漆上整面牆，看起來會較色票上來得更淺；暗色系漆上整面牆後，視覺感受上會較色票來得更暗，這點也是在使用顏色（尤其是油漆）妝點居家環境時，須一併考量之處。

一般來說，明度愈高的色彩，會讓空間看起來更明亮，反之，愈暗或明度愈低的顏色，就會讓室內環境看來更暗。

>point 2 配色原則

在居家空間漆上塗料顏色不只可以創造焦點，亦能改變整體空間氛圍，但牆面顏色如何與空間裡的傢具傢飾做搭配，卻不是一件簡單的事，在這裡特別整理出最關鍵的配色技巧與基礎概念，讓你簡單學會玩色，配出屬於你的 Styel。

配色關鍵思考

配色該從何做起？先別急著把所有你喜歡的顏色塗上去，仔細就下列幾個重點做思考，並想想你期待何種居家風格與氛圍，最後再來考量你的居家空間如何做配色吧。

> 選出空間中重點元素，
> 再依此與之搭配

居住環境的構築，除了基礎裝修外，還有傢具、軟件等元素，完整且面面俱到的規劃方式，應在空間中挑選出使用者最重視的元素（如傢具、主色彩或視覺主體），再選定配色方式來搭配，同時考量各色彩的比例關係，才不會讓空間主體失焦。

得利電腦調色漆參考色票
Dulux 01RR 77/091

得利電腦調色漆參考色票
Dulux 86YY 77/295

從空間中挑選出最重視的元素，如傢具、傢飾等，做為居家空間選用配色的參考。

若只是小面積使用單一色彩，可挑選濃度、彩度較高、大膽強烈的顏色。

白色＋X色 絕不失敗配色秘技

台灣人在空間的用色搭配上明顯較國外來得保守，粉色或淺色已常是使用的最大極限，因為可循案例少，也讓有心想大膽用色的空間居住者為之卻步。建議若想使用強烈的顏色，新手不妨利用「白色＋X色」兩色搭配原則入門，可保配色絕不失敗！

得利電腦調色漆參考色票
Dulux 50YR 25/556

得利電腦調色漆參考色票
Dulux 10RR 25/437

面積 vs. 比例

空間中的用色與比例關係，雖說依使用者喜好並無絕對，但為了讓長時間待在空間裡的使用者感到舒適，仍有簡單規則可依循。一般而言，若在空間中僅是小面積地使用單一色彩，可挑選濃度及彩度較高的顏色，大膽強烈使用，可讓色彩更加顯眼；相對地，若是在大面積使用色彩，因必須考量到光線與色彩搭配，挑選上就需要相對謹慎。

得利電腦調色漆參考色票
Dulux 25YR 34/473

得利電腦調色漆參考色票
Dulux 24YR 72/146

> 同色系搭配法

輕鬆上手，幻化空間品味達人

　　同色系顧名思義指的就是具有相同顏色，在色票上屬於同一行列位置，僅透過色彩明度及飽和度變化而有所區分的顏色，單一顏色若加入愈多白色，則色澤愈淺，明度愈高但彩度愈低；摻入愈多的黑，則明度則愈低。舉例來説，紅色因為明度的改變而形成淺紅、正紅、深紅等變化，而這些顏色就被稱為紅色的同色系，因而在色彩學上，單一顏色僅透過改變明度，其實就已有數百種同色系的變化。

　　在妝點空間時，同色系可説是基本入門，不僅失敗率低，搭配運用上也相對容易，輔以配色三大原則，居家佈置幾乎可以百分百成功。像是地中海風格，就可用白色搭配深淺不一的藍佈置，想像白色天花配上兩種藍壁面，局部窗框以靚藍妝點，或是配上各色藍做成馬賽克拼花或軟件，都能讓空間看起來活潑而富有層次。不過，同色系的運用唯一需要掌握的重點，就是選擇的顏色「要有明顯落差」，若選用色譜上過於接近的顏色，可能會發生看起來差不多，或是看起來有如調色失敗的狀況。

同色系的運用重點，就是選擇的顏色「要有明顯落差」，否則會看不出其中差異。

得利電腦調色漆參考色票
Dulux 14RR 09/333

得利電腦調色漆參考色票
Dulux 30GG 49/211

互補色鮮少運用在居家空間中，主要原因是互補色雖搶眼，但若運用不好，會讓居住者感到煩躁。

> 互補色搭配法

強烈顯眼，打造獨特個性

　　互補色又稱為對比色，指的就是在色環上位於 180 度相對位置的色彩，例如紫色與黃色、紅色與綠色、藍色與橙色等。有趣的是，在互補色的對比下，色彩給人的視覺效果會更加強烈，例如紅色看來更紅、綠色則讓人感覺更綠。

　　互補色的搭配難度較高，可說是高階色彩學的運用，以台灣多數民眾對色彩的接受度而言，互補色鮮少運用在居家空間中，主要原因是互補色雖搶眼，但若運用不好，可能會讓居住者感到煩躁或壓抑；反倒是商業空間中會運用色彩對比來吸引消費者注意。在居家空間中倘若想大膽玩色，建議盡量避免直接使用純（正）色的對比色，可挑選明度或彩度稍有變化的顏色，例如若喜愛黃與藍的搭配，可考慮以灰藍色及芥末黃替代；另一個則可嘗試帶有灰色色調的色彩，降低明度讓色調相對沉穩，也有助於調和對比色在視覺上造成的落差。

> 相近色搭配法
運用廣泛，恣意組合完美風格

　　什麼是相近色？相近色又稱鄰近色，最簡單的判別方式就是攤開色環，挑選色環上某一顏色與其兩邊的顏色就稱為相近色，例如黃色、橘黃色與黃綠色等連續三色；或是某個主色混合他色，也可歸類為相近色，例如紅色加紫色成為紫紅、紅色加橘色成為橘紅色等。

　　相近色在空間運用上相對普遍，要以相近色搭配，可掌握兩大原則：第一是在色階上避免選用太過鄰近的色彩，盡量在視覺上營造跳色的感覺，會使得空間感受較富變化，例如以粉橘色的壁面做為空間主體，可選用橘紅色的沙發或單人椅等軟件搭配，為空間創造視覺焦點。在這個例子中，其實也同時用上重色使用小面積、淺色使用面積較大的配色原則；相近色組合的第二原則，是避免選用相同明度色彩，例如墨綠色與藍綠色在使用上避開色票上同一橫列的色彩，透過明暗度的變化，也較能為空間的創造出層次感。

得利電腦調色漆參考色票
Dulux 55RR 75/106

得利電腦調色漆參考色票
Dulux 70RR 41/065

鄰近色的搭配組合，因為最能讓空間看來協調，且能畫出各式各樣的配色類型，是最為普遍也是眾多設計師喜愛運用的妝點方式。

>point 3 風格配色一次上手

不同的風格各有適用的顏色搭配，用對了顏色居家空間也會更加到位，以下將解析五大最夯風格基礎配色技巧及配色靈感，幫助你更快找到對的配色，打造最對味的風格居家。

> 鄉村風

從大地色系找出鄉村風療癒密碼

鄉村風的重要精神在於能提供一處放鬆、安心休憩的空間，但想要營造出這樣具療癒系功能的氛圍，除了在建材上可大量取材於大自然外，空間色彩也是鄉村風格中最常運用的設計手法，如何才能為鄉村風住宅找到對的色彩呢？除了先考量自己的個性、喜好外，大原則是盡量不偏離大地色系。

狹義的大地色指的是棕、米、卡其等自然界的色彩，但是，從廣義的角度來看，在原色中混入大地色或黑、白、灰等色調，模擬出大自然的色彩也可達到大地色的穩定效果，讓原本鮮豔色彩轉變化為落葉、夕陽、餘暉…等自然系色彩，可讓眼睛更感和悅、舒適，例如綠色加入米色澤更溫暖、平靜，紅色加入卡其色可緩減過度熱情感，而藍色加入灰調則顯現陳舊而古樸，這些擬大地色使色彩更趨近於自然感，能更無接縫地完美融入鄉村風，有助於創造療癒系鄉村風格。

得利電腦調色漆參考色票
Dulux 20YY 60/104

得利電腦調色漆參考色票
Dulux 30GG 57/094

攝影＿葉勇宏　空間設計＿森林散步

> 北歐風

繽紛混搭、融入大地色創造北歐雙性格

　　不少人對於北歐風格的色彩認定都是白色，其實並非如此，北歐人擅長運用色彩體現他們對於生活的感受。北歐風格顏色可分為幾種，一種是簡約明亮的白色調為主，加入顏色活潑繽紛的傢飾或掛畫佈置，但建議一個空間的色塊、圖騰不要超過三種，並可由圖騰當中的顏色擷取延伸。

　　如果擔心顏色混搭會出錯，又怕白色比例過高會顯得太冷冽，那麼不妨使用大地色調的木地板、梧桐或楓木等原木材質，基本上一定不會出錯，假如還想多點豐富性，建議可選擇於主牆面加入單一色彩，例如土耳其藍、草綠色、桃紅色等彩度高、明度也高的顏色，呈現較具活力的氛圍，或者是偏粉帶灰的緩和色，例如米黃色、豆色、藕色，帶給空間更多溫暖的感受。此外，北歐風多半只會挑選一面牆面刷飾色彩，當一個空間三面皆刷滿顏色，很容易淪為鄉村風的調性。

得利電腦調色漆參考色票
Dulux 19BG 61/207

圖片提供__德力設計

> 木空間

單色系、深淺搭配讓木空間有層次

　　與其它風格不同，木空間的風格建立在建材的表現上，但是，木素材本身的多樣性與變化性會影響空間配色，因此，應先掌握以木色或木紋作為空間氛圍的主要來源，而在色彩的運用上則可盡量簡化，避免過度複雜的配色擾亂了木空間的自然特質，建議選擇以單一色系來與木素材做對話，但可斟酌光源方向來做同色系的深淺搭配，讓空間更具有層次感與立體感，而且畫面不至於產生混亂感，以維持質樸與安定感。

　　另外，在色系的選擇上，黃色、綠色與大地色是最和諧、安全的配色，至於紅、藍、紫色系則可營造出對比、突顯的效果，讓空間更具有動能與活力。此外，也可利用染色效果來改變木素材的溫度感，只保留木紋美感，這樣一來在配色上會有更多變化，如染黑木色與深色牆面可營造出現代感，而染白或其他的木色則其搭配性相對提高，讓木空間跳脫以往單調、少變化的印象。

得利電腦調色漆參考色票
Dulux 50GY 55/033

圖片提供＿天境設計

圖片提供＿演拓設計

得利電腦調色漆參考色票
Dulux 90RR 55/138

得利電腦調色漆參考色票
Dulux 60YY 83/156

＞ 古典風

衝突、優雅、華麗，以色彩創造
不同時代的經典

　　古典風最為經典的元素，不外乎是華麗的線板裝飾、捲曲的 C 型、渦捲狀圖案以及有如宮廷式的挑高空間，但同樣是古典風則必需再以其歷史淵源、區域細細區分為英、法為主的傳統歐式古典，以美式風格為主的新古典風格，以及融合現代設計元素的現代古典。

　　重視傳統的歐式古典在色彩的運用上，延續奢華元素，可以運用紅、黃、金等顏色，為整體空間增添華麗感，同時襯托歐式古典經常搭配的精緻傢具傢飾；有別於傳統古典的奢華，新古典風的用色強調優雅、柔和，適合以較為內斂的白、米、卡其及毫灰等中間色系為空間打底，顏色彩度大幅降低以營造優雅同時帶有休閒的空間感受；現代古典承襲古、今元素，保有古典風的裝飾要素，線條卻更為極簡，色彩運用也相當個人化，沒有規則，甚至有時會出現衝突的對比配色，如：黑、白或者紅、黑等強烈搭配。

> 現代風

單一色系精簡用色

　　第一次世界大戰後，全球投入戰後重建，當時工業技術發展迅速，施工技術及堅固耐用的建材開發，正好輔助建築師們進行重建工程，發展出一套合理化、標準化、可大量生產建造且平價的「現代住宅」。

　　受到現代住宅的直接影響，內部生活空間也形成所謂「現代居家風格」。來自經濟層面的平價需求，捨棄耗費人力的手工雕琢，採取簡單俐落的線條及保留建材原貌不多雕飾。施工技術的精進也允許開大面的窗戶，愈趨細緻簡單的樑柱線條，可隨意安排牆面的色彩，都意味從傳統建築厚重的束縛中解放開來的新生活。

　　現代風格居家多以淺色、單一色調作為空間表現，特別強調明亮的空間感，具有讓空間放大的視覺效果。單一色系的運用使空間更簡潔，營造出現代居家風格的極簡品味。最常使用白色、灰色、黑色及棕色等中性色彩。若想要讓空間看起來比較大，可選擇明度較高的顏色，例如白色，比較清涼通透；喜歡沉穩的空間感，黑色、灰色可以營造成熟的效果。其他彩度較高的顏色，如黃色、橘色，可依照喜好適度加入，表達居住者的顯眼個性。

得利電腦調色漆參考色票
Dulux 30YY 69/048

得利電腦調色漆參考色票
Dulux 50YR 08/038

圖片提供＿王俊宏設計

>point 4 電腦調色實現居家風格

色彩形塑風格,空間反映個性!運用色彩,是改變空間氛圍最經濟實惠而有效率的方式,多達 2016 色的「得利電腦調色漆」可快速創造出任何想要的空間風格,實現居住者的出色創意!

選色調漆 3 步驟 輕鬆又快速

想要營造風格居家,塗料的選擇很重要,但該如何選對顏色呢?只要跟著以下步驟,簡單選對顏色,讓你的家有型有風格!

Step 1:依照喜好、選擇主色

建議從自己喜歡的顏色、要搭配的傢俱及想要的空間風格這三方面開始思考,再借用得利電腦調色漆專用 2016 色扇形色卡選定主色,如此選出來的顏色跟實際塗刷出的漆色較不會有落差。

Step 2:彰顯風格、選擇配色

選定主色後,再思考希望空間能呈現何種氛圍挑選配色。「得利電腦調色漆」有紅、橙、黃、綠、藍、紫、白色及中性色 8 大色相,多達 2016 個不同濃淡深淺的漆色,幾乎可滿足各類風格需求;還可先到 www.dulux.com.tw 下載空間配色軟體後,載入拍好的空間照片,做模擬實境配色看看配色效果。

Step 3:選擇塗料、現場電腦調漆

將喜好的色號記下,再根據自己所需的功能需求(如沒有油漆味、防霉抗菌或室外耐候等),至得利電腦調色漆經銷商及特力屋賣場,就能簡單取得得利電腦調色漆,再回家漆上就大功告成啦!

塗刷 Tip

1 確認壁面狀況 一定要先確認牆面沒有漏水或壁癌等問題,且清潔過剝落舊漆、粉塵且完全乾燥後再開始塗刷。 **2 小面積測試色彩** 塗刷前,先塗一小塊在牆面上看看效果,不喜歡重漆就可以了,塗料是最經濟實惠且容易更新的裝潢建材。 **3 加底漆色彩更飽和** 若原來為深色漆牆面或要上色彩鮮豔的顏色之前,只要先上一道白色底漆(如得利色號 00NN 72/000 實心白),就可以很容易蓋過原來的顏色,並讓色彩更飽和,刷出來的顏色更漂亮。

想要知道更多選漆挑色訊息,請上 www.dulux.com.tw 查詢
色彩部落格 www.letscolor.com.tw

chapter

2

五大最夯
居家風格配色

> style 1
鄉村風居家風格配色

鄉村風在全球擁有許多堅定擁護者，同時也因地制宜地發展出不同地域性的鄉村風格，讓原本就精采的空間樣貌更見多元性。

色彩運用 Tip

1 源自於大自然的**大地色彩**最舒壓。**2** 粉色系淡雅色彩最能展現鄉村風的清新氣質。**3** 避開**螢光系**與果凍色的工業感色彩。

由於鄉村風發源於歐美社會，在硬體裝修上以歐式建築為主軸，但隨著各地的氣候、取材與人文環境的差異，則可粗分為英、美地區的典雅鄉村風，南歐地區的質樸鄉村風、地中海區的海洋鄉村風，以及北歐地區的簡約、都會鄉村風等類型。若再細分則可因各國度發展出細膩人文的法式、堅固厚實的德式、熱情繽紛的西班牙、金黃色調的義大利、藍白風情的地中海與大器粗獷的美式…等差異。不過，各國鄉村風表現或許不同，在建材上卻多選擇以實木、石頭、磚牆、棉、麻、藤、印花布…等，這些易於從大自然中取材的設計，形成鄉村風的大地色基調，再依不同的歷史人文與喜好放入不同的傢俱風格、牆面色彩、軟件裝飾……，變化出不脫離休閒、紓壓的多元性鄉村風。

How to do 鄉村風不敗配色

綠＋橙

歐洲地區因緯度高造成日照時間短，因此，特別喜歡大量運用溫暖系的色彩，透過飽和、對比配色營造溫馨的居家氣氛。自然界的橙與綠則有豐收、滿足的感受，為傳統鄉村風常見配色。

綠＋白

白腰牆與主色的搭配方式可讓視覺重心轉換，並達到放寬空間的效果，是鄉村風常見手法，其中綠與白則是不敗配色之一，因具有紓壓、療癒的效果，深受現代人喜愛。

黃＋磚紅

陶磚與紅磚牆是鄉村風常見設計語彙，因此，黃色系成為磚紅的最佳襯色，且幾乎任何色階的黃都適合，喜歡素雅者可選擇淺黃，金黃具義式的宏偉感，赭石黃可創造普羅旺斯的美。

得利電腦調色漆參考色票
Dulux 90GG 74/092

圖片提供__森林散步

case 01
藍 + 綠 醞釀寧靜涼感生活

文__鄭雅分　空間設計__森林散步　攝影__葉勇宏

得利電腦調色漆參考色票
Dulux 50BG 69/117

01 涼感靜綠牆彰顯大器感

玄關以法國藍木條板搭配綠木窗展現休
閒感，客廳綠色牆面因略帶碳灰色澤可
調節過亮採光，更顯涼感寧靜。

得利電腦調色漆參考色票
Dulux 90GG 74/092

02 柔和綠牆調和色溫
與牆同色的壁爐束腰條板在造形上有拉高效果，而色彩上則可轉換磚牆與壁爐的暖色色溫，讓眼睛更覺舒服。

03 如羽般藍牆展現輕盈美
主臥室內如羽般輕柔的天藍牆色搭配花鳥壁紙與窗簾，營造出羅曼蒂克的紓壓氣氛，與白色法式床架最合拍。

04 紫、白雙色牆更顯高挑
由於房間日照足較熱，因而選用粉紫色牆以達到降溫效果，而上端留白壁板則有讓屋高拉升的神奇效果。

05 冷暖色配比適中更耐看
廚房選用粉橘牆色，恰可與法國藍的中島底座及餐廳腰牆形成對比，讓冷暖色調有了均衡而和諧的搭配比例。

整個空間不僅採光充足且格局相當開闊，唯一美中不足就是公共區沒有玄關，為此，設計師將公共區重新定義劃區，先以一道開窗的端景牆定位玄關，而其背後則緊接餐桌，讓用餐區有臨窗的愜意。玄關藉陶磚地坪定位加上高收納力的櫃體不僅改善無玄關的缺失，反讓此區成為風格與機能的重地。同時也可將分立於玄關兩側的客、餐廳藉此切割，讓兩區域有串連、也可區隔。在明亮客廳內除以綠色主牆搭配腰牆設計營造寧靜的鄉村風，並將重點放在壁爐電視牆的設計，束腰的木條板讓視覺有拉升效果，而左右磚牆與古董壁燈則增加美感細節。至於比餐桌還大的中島廚房為全家人最愛，法國藍的壁櫥加上木樑屋頂等元素營造出清新氛圍，讓人直想歇腳喝杯咖啡讀本好書。

Home Data
台中市／45坪／建材 美國香杉木、超耐磨木地板、線板、復古陶磚、Dulux 得利乳膠漆、壁紙、石材

得利電腦調色漆參考色票
Dulux 69BG 77/076

得利電腦調色漆參考色票
Dulux 04RB 71/092

得利電腦調色漆參考色票
Dulux 20YY 71/156

得利電腦調色漆參考色票
Dulux 66BG 68/157

case **02**

以大地色調
為療癒系舒壓住家鋪色

文__鄭雅分　圖片提供__摩登雅舍

得利電腦調色漆參考色票
Dulux 10YY 67/089

01 溫雅大地色調醞釀寧靜空間感

略帶泥香的藕褐牆色貫穿了客、餐廳，搭
配簡約自然風的室內裝修，呈現出寧靜無
壓力的空間感，讓焦點落在戶外山色。

02

得利電腦調色漆參考色票
Dulux 70YR 65/054

02 藕褐色牆面漆出用餐好心情

餐廳內質樸的原木餐桌椅搭配樹枝狀的造型吊燈，營造北歐鄉村風，而藕褐牆色則增加空間暖度，提升用餐的好心情。

03 與木皮同彩度的藕色讓空間有放大效果

紋路明顯的木質櫥櫃已佔據大部分牆面，因此床背牆則選擇與木皮彩度接近的藕色，營造畫面更和諧放大的錯覺。

04 藕褐牆色間的白色折板突顯出輕盈感

沙發主牆側面的白色折板目的在於虛化樑柱結構，但因夾在藕褐色中間而顯輕盈，同時也讓綿延的牆色畫面更活潑。

03

得利電腦調色漆參考色票
Dulux 00YY 65/060

04

得利電腦調色漆參考色票
Dulux 10GY 56/073

　　從事於教職的屋主夫婦，育有一對女兒，雖因工作緣故必須生活在節奏緊繃的都會中，但是內心嚮往能有一座享受天倫之樂的世外桃花源。為了達成屋主的夢想，設計師決定以屋外綠山景色為主題，先以開放格局設計，讓餐廳與客廳同樣可以享受山景，而屋內整體的色調則以柔軟的大地色為主。溫和而優雅的藕褐色從客廳的沙發主牆延續至餐廳，營造出寧心靜氣的空間氣場。為了不破壞寧靜的色彩氛圍，在風格設計上則以簡約為主，只點綴性地加入文化石主牆及造型吊燈與原木桌等鄉村風物件，使室內景物更緊密融入大自然中。另外，因屋主有許多的藏書及收藏品，為避免過多櫥櫃造成空間壓力，選擇開放式收納設計，使書籍與收藏品成為家中佈置的主角之一，憑添人文氣息。

Home Data
台北市／30坪／建材 文化石、天然木皮、拋光石英磚、Dulux 得利乳膠漆、柚木

case 03
綠牆之戀，漆出繽紛的山中別墅

文__鄭雅分　圖片提供__唐谷設計

01 沉靜如山、安謐似湖的綠色客廳

在優質採光的客廳加入綠色元素，藉由安穩情緒的綠色
系，設計師為屋主打造出沉靜如山、安謐似湖般的綠色
客廳。

得利電腦調色漆參考色票
Dulux 30GY 41/173

屋主對於新居有高度期待，不僅曾多方找尋設計師，在風格上也曾幾度搖擺爭持，直到一次至同學家聚會時，見到唐谷設計為其打造的綠色廚房後終於找到正確方向，決定以充滿色彩的鄉村風格作為新居設計主軸。屋主希望對設計更有參與感，因此常搜尋國外網站，並網拍購入傢具、飾品、五金配件等，所以設計架構變成先借重專業協助讓硬體更完善，而家飾則由屋主先搜尋再與設計師討論後，決定適合空間的物件，設計師的角色就像優秀的美學指導者，協助屋主在繁浩紛歧的選項中挑出最合適的搭配組合。考慮屋主不愛繁複裝修，在硬體設計上決定主要以貼近生活的機能需求為主，首先以建材選擇排除了山區潮濕問題，另一方面也依屋主喜好在屋內規劃中島廚房及綠色客廳，最特別的是整個室內依不同區域也賦予各種色彩，強化了鄉村風格外，也營造出情趣各異的多元氛圍。

Home Data
新北市／室內實坪 65 坪／建材 復古磚、板岩磚、木紋磚、杉木、日本檜木、美檜、白橡噴漆

得利電腦調色漆參考色票
Dulux 30GY 41/173

得利電腦調色漆參考色票
Dulux 70RR 07/100

得利電腦調色漆參考色票
Dulux 32YY 73/398

02 冷暖對比色的巧妙融合

由於一樓格局作全開放設計，客、餐廳的不同牆色也成為彼此重要的背景，除了可增加更豐富的景身外，冷暖對比的色彩運用也讓空間更有生氣。

03 濃郁巧克力色牆散發性感又前衛的優雅

主臥室大膽運用濃郁的巧克力牆色，搭配存在感十足的復古鑄鐵床架，展現出典雅、個性的空間感，而牆面色彩更隱約散發出性感與優雅。

04 以暖色調打造暖意十足的鄉村風廚房

餐廚空間大且格局開放，其色彩也將影響其他空間，於是以高親和力的暖黃色搭配白色廚具與鄉村風傢具，呈現開朗的自然鄉村風情。

case **04**
天藍色 刷出理性又生動的表情

文__鄭雅分　圖片提供__亞維設計

01

得利電腦調色漆參考色票
Dulux 90BG 72/088

02

得利電腦調色漆參考色票
Dulux 70RR 74/059

　　屋主王先生任職於電子業，一開始只是單純地希望與家人相聚的空間能更有溫度，因此，設計師在空間中加入質樸且自然的木質元素，而傢具部分則搭配輕鬆而溫暖的格子布沙發，但由於屋主本身喜歡較簡約、單純的線條，所以，設計師從多方考量後推薦以北歐混搭美式的都會鄉村風格。整個公共區以複合式書房吧檯為中心點，附有拉門的書房平日打開較像吧檯，增加家人聊天休閒的座區，同時因為大量木感設計而讓空間的溫馨度大大提升，因此，在牆面色彩上並不刻意賣弄溫暖訴求，而是選擇以較理性、平和的天藍色做為空間主色調，一來可與木感空間達成平衡，同時因藍色為後退色彩，可讓空間有變寬、變涼爽的效果，藉此鋪陳出更優雅、生動的新居風格。

Home Data
桃園／42坪／建材 文化石、超耐磨地板、大理石、杉木、夾布玻璃、拋光石英磚、Dulux 得利乳膠漆

01 刷上理性藍色牆面，讓居家放大、變涼爽
在開放大廳中鋪以藍色牆面，既可讓空間有放大、冷靜的效果，同時可與原木硬體規劃及暖色傢具等達成平衡。

02 暖調粉紅牆色既甜美、又具成熟魅力
粉紅色的主臥室有著成熟公主的甜美魅力，搭配淺色天花板則讓屋高有拉高的錯覺，順勢減輕空間壓力。

case 05
以大地色系創造鄉村個性

文＿摩比、王玉瑤 圖片提供＿上陽設計

　　女主人透過網路看上了上陽設計團隊的作品風格，購下
10 年老公寓後決定延請上陽設計代為設計捉刀。這棟雙併建
築物格局方正，而且三面採光及四面通風，在考量屋主實際需
求後，設計師局部變更了廚房與餐廳、餐廳與後陽台的隔間
牆，讓空間更形自由而寬闊。明亮的光線最能表現出色彩的豐
富層次，打掉一面介於餐廳與廚房的輕隔間後，改以吧檯式料
理檯替代，同時局部變更出入後陽台的動線，其他配置則維持
三臥房加一書房的設計。臥房針對孩子不同性別，分別鋪陳碎
花壁紙與水藍立面，打造男孩房與女孩房的鮮明個性。為了修
飾戶外景觀，設計師選用極具鄉村風特色的百葉窗，可隨意調
節葉片角度，兼具臥房隱私考量又能自由控制光源。

Home Data
新北市／35 坪／建材 磁吸鐵黑板、實木板、KOHLER 衛浴設備、橡木櫥
具、仿古石英磚、天然木器塗料、超耐磨木地板

得利電腦調色漆參考色票
Dulux 53YY 87/070

01

得利電腦調色漆參考色票
Dulux 40BG 70/146

01 兼具個性與安定的配色設計

黑色溫莎椅、床架、衣櫃，建構出
充滿個性的男孩房，為了避免過於
沉重，輔以水藍色系壁色相搭。

02 白色與大地色系壁面形塑出
空間簡潔調性

關鍵元素腰板與裝飾木樑，巧妙帶
出鄉村風語彙。

02

case 06
用色彩為空間定位

文__柯霈婕　圖片提供__黃巢設計工務店

01 大地色讓彩度高的配色更協調

透過淡棕色牆面調和紅、藍二色的衝突與色
彩重量,適時搭配深咖啡沙發,讓整體空間
更加沉穩。

得利電腦調色漆參考色票
Dulux 60BG 17/341

得利電腦調色漆參考色票
Dulux 30BG 56/045

　　屋主因為常常出國旅遊，選定了她最喜歡的美式風格，多加了溫馨與休閒的風格元素，同時運用不同彩度與明度的顏色，創造每個空間的情緒氛圍。例如，玄關牆面使用耀眼的檸檬黃，鮮活了一進門的感受；一面橘紅色的牆串連餐廚空間，不論做菜或是用餐，都能有好胃口；以粉紫色打造有如薰衣草般的舒眠環境，讓屋主舒壓擁有好睡眠。尤其客廳放入兩種高彩度的顏色：紅色與藍色，卻能和平共處的秘訣在於：降低藍色的明度，並透過屬於中性色彩的大地色來調和冷色與暖色的衝突。

　　幾何分割的格局設定是讓空間色彩能夠各司其職的關鍵。擁有三面採光的屋型，重新分配格局並作不規則的動線劃分，再透過門框貫穿場域，如同整間開放式的空間，藉由色彩作定位，也加強空間關聯性，讓家整體感更一致。

Home Data
台北市／25 坪／建材 松木、杉木、鐵件、木紋磚、復古磚、立體磚、銀狐大理石、人造石、超耐磨地板、玻璃

02
得利電腦調色漆參考色票
Dulux 60BG 17/341

03
得利電腦調色漆參考色票
Dulux 50BB 22/199

02 紅藍配色突顯個性風采
淺咖啡沙發與屋主原有的紅色按摩椅彼此協調，在土耳其藍色牆面的背景映襯下，展現出摩登時尚感。

03 淺紫色寢具呼應薰衣草牆
主臥室背牆使用粉紫色系的漆搭配上同色系的寢具配色，為屋主打造沉澱心靈的舒眠空間。

04 橘紅餐廚空間擁有好食慾
餐廳使用橘紅色的牆，是引用色彩心理學上可達到增加食慾的構想，搭配白色線板顯得優雅大方。

得利電腦調色漆參考色票
Dulux 10YR 53/175

04

case **07**
奔放西班牙紅妝點個性鄉村風

文__鄭雅分　圖片提供__大夏設計

01 以素牆作鄉村風元素的最佳底色

壁爐是鄉村風重要元素，經過牙白色素牆的映襯更顯溫
暖舒適，而後端佛朗明哥舞者畫相與紅椅也讓空間增色。

得利電腦調色漆參考色票
Dulux 56YY 86/241

居住於繁華台北的夫妻倆因喜歡大自然，假日喜歡往郊外旅遊，因此，決定乾脆買下頭城這棟年逾三、四十的透天老厝，並善用其位於邊間的視野優勢，看盡太平洋的海景。既然是度假用，無論是格局運用或者色彩計畫都可更隨心盡興，設計師說明整個設計源起於女主人喜歡的西班牙紅色，而空間格局則盡量單純。由於多數傢具都是台北搬來的舊傢具，但因屋主有不少旅遊收藏品，所以，雖在硬體有出色歐式鄉村風裝飾，但牆面色彩與飾品仍搶盡鋒頭，從西班牙紅的客牆主牆、獨木舟電視櫃到非洲椅，以及紅色樓梯、三樓絨布紅椅與佛朗明哥舞者掛畫…雖然風格不盡相同，屬性功能也各異，但醒目的紅色元素串連了所有物件，詮釋出更具屋主個性的鄉村風。

Home Data
宜蘭縣頭城／75 坪／建材 杉木企口板染白、柚木、Dulux 得利乳膠漆、陶磚、木地板、鍛鐵樓梯欄杆

得利電腦調色漆參考色票
Dulux 10YR 15/500

得利電腦調色漆參考色票
Dulux 99YR 82/029

02 高彩度暗紅色牆面減少反光
客廳為ㄇ字型的三面採光，稍顯過亮，因此牆面選以彩度高的紅色，可降低牆面反光，讓空間更溫暖、也更穩定。

03 藉由色彩創造出難忘的旅遊情境
女主人喜歡西班牙紅色，特別以此作為客廳主牆色，並與紅船底的達悟族獨木舟電視櫃相呼應，產生海的聯想。

04 牙白牆色與實木線條勾勒潤樸空間
選擇以溫暖色感的牙白色作為臥室的牆面底色，搭配鄉村風的木條裝飾，營造出異國的質樸與休閒感。

得利電腦調色漆參考色票
Dulux 56YY 86/241

換上南法色彩，展現優雅鄉村風

文__鄭雅分　圖片提供__亞維設計

01 天藍色牆面提升屋高，舒緩孩子情緒

天藍色的牆面讓男孩房更顯高挑，且具疏緩情緒效果，搭配閣樓的斜屋頂則營造出小木屋感的鄉村風格。

得利電腦調色漆參考色票
Dulux 30GY 88/014

得利電腦調色漆參考色票
Dulux 50BG 74/130

得利電腦調色漆參考色票
Dulux 05YY 72/254

02 漆上白色的傢具因粉橘色牆更出色

粉橘色牆面與法式鄉村風傢具的組合在餐廳中相當開胃，搭配木樑天花板更能提味，有如來到南法的鄉村餐廳般。

03 鵝黃色牆讓空間溫暖、傢具襯色

臥室內以白色床壁板與鵝黃牆色搭配，讓房間因明度較高的黃色而顯得更輕盈且溫暖，白色傢具也因此更襯色。

04 芽綠粉牆與白色櫃，讓人放鬆心情

芽綠的牆色與白色門櫃是入門後第一印象，輕柔的色彩讓人心情為之一鬆，而拱門後橘色餐廳則如祕境般吸引人。

得利電腦調色漆參考色票
Dulux 54YY 85/291

梁先生本身從事電子業，或許是冰冷的工作環境，讓他更嚮往溫馨、紓放的鄉村風住宅。不過，因鄉村風相當多元，加上一開始屋主尚未釐清自己的想法，導致先預購許多木色較深的南洋風家具，請來幾位設計師都無法規劃出他想要的風格，最後，經亞維設計提出建議將傢具重新漆色，改以南法風格的白色及木色染淺處理，並於不同空間搭配粉嫩色系的牆面色彩，終於刻劃出梁先生的夢想住家。在這棟三樓透天別墅中，設計師先在玄關、客廳以粉綠色牆面，搭配白色百頁門櫃與圓形拱門來營造親切的迎賓畫面，穿過拱門則進入粉橘色的餐廚空間，搭配天花板粗獷的圓木樑獨具風味，而經過改造的法式餐櫃、餐桌椅與牆色相當契合，堪稱完美，也讓人驚訝於色彩的影響力。

Home Data
桃園／80坪／建材 大理石、玻璃、台灣杉木、耐磨地板、文化石、實木木皮腰板、超耐磨地板、拋光石英磚、Dulux 得利乳膠漆

得利電腦調色漆參考色票
Dulux 70YY 66/265

case **09**

迷濛灰綠牆色
圍塑出耐人尋味的歲月感

文__鄭雅分　圖片提供__森林散步

得利電腦調色漆參考色票
Dulux 10GY 58/105

01 迷濛灰綠底色突顯白色層板線條
結合地櫃與展示架的客廳電視牆，先以迷濛
的灰綠色打底，再以不對稱線條直橫勾勒出
簡約線條，讓單純櫃體更有深度與層次感。

01

02

得利電腦調色漆參考色票
Dulux 53YY 87/070

得利電腦調色漆參考色票
Dulux 50GY 05/084

03

得利電腦調色漆參考色票
Dulux 10GY 58/105

04

05

得利電腦調色漆參考色票
Dulux 66BG 68/157

得利電腦調色漆參考色票
Dulux 10GY 39/136

02 餐廳灰色高腰牆有型、不怕髒

餐桌旁的高腰牆選用耐髒的灰色，且以多道噴漆、手工磨砂營造自然陳舊感，上端延用廚房區的暖黃色，讓餐廳溫馨又不需擔心保養問題。

03 淡淡灰綠釋放平靜與放鬆的色彩訊號

主臥室選用與客廳同色號的迷情海灣色，在設計師安排下，一前一後的灰綠色牆因光線而有深淺變化。

04 利用甜甜的天藍色牆聚焦視線

男孩房是全屋內最小空間，先以骨架外露的雙斜屋頂結合雙樑造出閣樓屋型，再以白漆放大空間，最後安排局部天藍色牆聚焦視線，讓空間更立體化。

05 沉穩墨綠色打造靜心的空間

以 60 公分的櫃體來取代隔間牆，同時在考量空間採光充足後，選定沉穩的墨綠牆色輕鬆地創造出安定心緒的思考空間。

　　為了享受被綠蔭包圍的地段環境，即使這房子因前身為辦公空間導致屋況極差，幾乎全無家的味道，屋主仍決定買下它，希望賦予它全新生命。風格上運用大地色彩與鄉村線板等元素，混合出濃郁休閒感的美式與南法居家設計，並且藉由復古處理的德國陶磚砌出暖意十足的壁爐，為空間酌加入粗獷自然的 Frame House 逸趣，也藉此串聯滿植綠意的陽台，進一步將戶外綠意生活引入住宅中。客廳、餐廚空間呈現開放的L型格局，巧妙以斜向的門框與不同的地坪材質做出客、餐廳界定，也讓空間彼此滲透放大。在細節設計上，如餐廳的復古高腰牆不只豐富空間色彩，也有防污效果，另外，廚房單斜企口天花板、男孩房骨架外露的雙斜屋頂等，則融入質樸木屋元素，讓鄉村風更到位。

Home Data
台中市／室內實坪 40 坪／建材 雞心木、美檜、側柏、超耐磨木地板、線板、復古磚、德國陶磚、進口五金、Dulux 得利乳膠漆

case **10**
湖水綠與灰藍漆出南法恬淡色彩

文__鄭雅分　空間設計__尼奧設計　攝影__葉勇宏

01 湖水綠牆襯托原木傢具的純淨感

湖水綠的客廳主牆搭配質樸的原木色傢具，以冷暖對比，
但同屬大地色感的協調配色，營造出純淨、恬淡的空間。

得利電腦調色漆參考色票
Dulux 50GG 75/092

莊先生從事電子業，太太則擔任教職，注重環保的二人特別偏好棉麻的純樸感，而女主人文靜恬淡的個性更成為設計導向。為了讓屋主精確地找出適合的色彩與風格，設計師先請屋主從傢具來挑選，順利地找出中意的南法風格斗櫃，並以櫃體的灰藍底色與白色線條作為空間主色調，進而整合發展出悠閒的南法風格居家。為了增加空間層次感，運用了相似與對比等不同色彩搭配。在客廳主牆以湖水綠的漆作鋪設，搭配原木色傢具與暖色沙發，呈現出對比卻不唐突的視覺。至於湖綠色的牆色與灰藍色餐廳、拱門廚房、開放書房之間則形成和諧系的色彩對話，最後設計師再以白色線板、天花板與柱腳等細節的提醒，讓空間更顯精緻而優雅，完全體現出南法鄉村風的人文與細膩美。

Home Data
新竹／50坪／建材 烤漆、Dulux 得利乳膠漆、角料、線板、磁磚、超耐磨木地板

得利電腦調色漆參考色票
Dulux 66YY 85/231

得利電腦調色漆參考色票
Dulux 00YY 75/071

02 開朗、明亮的黃色小孩房
黃色空間讓小孩房散發開朗、活潑的氣息，另外，利用牆與天花板交接的白色線板則可達到提升屋高的錯覺。

03 甜美粉橙調和出雅致的臥室氛圍
床尾灰藍底色搭配白色線條妝點的南法傢具是公共空間的色彩靈感，但在主臥室則以甜美的粉橙色則增加空間暖度。

04 漆上灰藍色的樑轉化為無形定位線
在白色天花板的四周刻意以灰藍色漆出樑線，既能強化書房區域的定位感，同時也成為白色書牆的出色框襯。

得利電腦調色漆參考色票
Dulux 50BG 69/117

case 11
用家來記憶旅遊的繽紛色彩

文__鄭雅分　圖片提供__摩登雅舍

得利電腦調色漆參考色票
Dulux 10BG 55/223

01TIFFANY 藍漆出甜蜜的浪漫感

主臥室原本為暗房，設計師借衛浴空間
造出一道格子窗門，再選擇 TIFFANY 藍
做鋪設，營造出浪漫無敵的幸福空間。

得利電腦調色漆參考色票
Dulux 70YY 55/299

02 由餐廳引入大地色彩來呼應木空間

小客廳以冷色系白牆搭配木作避免壓迫，再利用半開放電視牆將餐廳大地色彩引入，同樣能感受安定質樸之美。

03 大地色牆與木天花醞釀自然悠閒感

在玄關處以木質感的天花板與土黃調的大地色彩圍塑出紓壓的空間氛圍，讓人一回家即可進入自己營造的休閒天地。

住宅環境常常是反映出居住者的生活記憶與未來期許，屋主夫妻倆人均熱愛旅遊，加上之前曾於國外念書的經驗，很喜歡鄉村風格的自在與溫馨氛圍，因此，對於新居一開始就鎖定風格，先以木屋造型的天花板串聯玄關與公共空間，同時將多年旅遊收集的馬賽克杯擺設成牆，為客廳創造出獨一無二的居家場景。因原客廳過小，特別拆除一道牆來為視覺鬆綁，再利用未達屋頂的電視牆來區隔客、餐廳，改善格局狹隘問題。本身也跨足設計業的屋主對空間色彩的接受度高，喜歡在不同空間藉由不同色彩來表達空間情緒，例如大地色的公共區、藍色的主臥室、與銘黃色的房間等，每打開一扇門就像是進入不同國度的驚喜般，讓居家與旅遊的夢想一次到位。

Home Data
新北市淡水／30 坪／建材 超耐磨地板、硅藻土、Dulux 得利乳膠漆、Led 燈、進口復古磚、木紋磚

得利電腦調色漆參考色票
Dulux 70YY 55/299

case **12**
光灑滿室的佛羅倫斯金色年代

文__鄭雅分　圖片提供__大夏設計

得利電腦調色漆參考色票
Dulux 35YY 78/269

01 金黃牆色與彩繪吊燈照映出木桌質樸
擁有臨窗採光的餐廳為公共區的串聯軸心，
藉由金黃牆面與彩繪向日葵的造型吊燈，讓
原木長桌更形溫暖質樸。

02

得利電腦調色漆參考色票
Dulux 36YY 66/349

02 加入粉色調的橙色與木櫃更顯柔和

書房內可收納進牆櫃的掀床讓留宿客人也能安穩休息,而牆面粉橙色搭配染白的木色櫥櫃,呈現柔和紓壓感。

03 暖黃色突顯南歐鄉村風的熱情

將南歐的手作感拱門、木樑、壁龕與陶磚元素全集合於同一畫面,搭配暖暖金黃牆色讓空間多些熱情與放鬆。

04 金黃色映襯不同物件的精彩

除了決定色彩,精確考量讓彩度與亮度都完美的金黃色,可襯出彩繪鑲嵌玻璃門的鮮麗與南歐木門的樸實感。

05 金黃奢華讓回家像義大利度假

擁抱佛羅倫斯的陽光,特別將全室漆上金黃牆色,搭配文化石砌出的壁爐、光感壁龕勾勒出南歐悠閒氛圍。

夫妻倆同樣在法務界服務,每天面對嚴肅而高壓力的工作,更企盼回歸居家時能徹底放鬆。於是,決定移植屋主國外留學的居住經驗,為自己打造這座充滿金色光輝的鄉村風堡壘。首先,格局上以餐廳中一張長達四米的厚實原木餐桌作為客廳、餐廳與廚房的串聯軸心,透過拱形開窗與走道的裝飾讓各空間既穿透、又不失各自的定位;由於餐廳擁有超寬的掬光面,為了讓這樣溫暖陽光的感受繼續延伸至客廳與室內,設計師特別選用大量的金黃色塗料,環繞著室內牆面的天花板的金黃鋪面,分別與拱門、實木樑、復古拼花陶磚、壁龕、壁爐、壁紙及鑲嵌玻璃畫門……等各種材質與造型設計搭配,使整個室內閃耀著有如黃金屋一般地光輝,落實了屋主嚮往的佛羅倫斯金色年代。

Home Data
台北市／95 坪／建材 實木杉木皮、玉檀香實木地板、南方松、進口復古磚、文化石、石材、鑲鋁彩繪玻璃、環保綠建材

03

得利電腦調色漆參考色票
Dulux 45YY 73/519

得利電腦調色漆參考色票
Dulux 45YY 73/519

05

得利電腦調色漆參考色票
Dulux 45YY 73/519

case 13

用懷舊南法色彩沉浸美好小時代

文＿鄭雅分　圖片提供＿亞維設計

01 赭石黃印染牆與白腰牆築起南法氛圍

拆除原格局牆面後，改以特殊的赭石黃印染牆色，再搭配
白色木腰牆與法式鄉村傢具，讓時空彷彿回到南法小鎮。

得利電腦調色漆參考色票
Dulux 60YY 78/216

　　居家風格是空間使用者的生活態度表現，而什麼樣的人喜歡住在主打溫馨感的鄉村風空間中呢？答案不難猜。屋主 Patrick 喜歡旅遊，對生活細節有享受的熱情，尤其對自己的住宅樣貌有相當的想法。因此，一開始找設計師時便提供自己的簡報，希望在 25 坪的空間內可以放入未來生活的夢想。整個設計重點放在南法鄉村風的營造及小空間的收納構思。首先，設計師先打掉部分隔間以改變原本緊促而有壓力的空間感，並利用木條板的櫃門設計，達到增加收納力但不增加壓迫感的效果。最後，在牆面色彩的處理上，選擇了特殊手法與漆色，藉由大地色系的深淺印染效果，營造出畫面柔和的懷舊印象，與同屬大地色系的綠色櫥櫃及傢具等共創一處私密而美好的小時代。

Home Data
新竹／25 坪／建材 特殊漆、超耐磨地板、柚木、大理石、夾布玻璃

得利電腦調色漆參考色票
Dulux 60YY 78/216

得利電腦調色漆參考色票
Dulux 10GY 71/180

02 赭石黃主牆彩繪出恬淡無爭的美感

赭石黃的牆面色彩具有濃郁的鄉村氣息，讓人聯想普羅旺斯的無爭與休閒，與格子布軟件與白色傢具搭配出恬淡生活美感。

03 大地色系的組合讓角落的空間也很迷人

在赭黃色的底牆色彩印襯下，摻入大地色澤的柔綠餐櫃與藍色欄杆扶手顯得協調又出色，讓平凡的角落變得更迷人耐看。

04 柔情粉紅讓人有被包覆的安全感

粉紅色房間是不折不扣的溫柔鄉，暖暖的前進色感讓人有被包覆的安全感，白色天花線板則讓空間變高、更舒適。

得利電腦調色漆參考色票
Dulux 39YY 85/156

case 14

暖黃色彩漆出南歐風的異國別墅

文＿鄭雅分　圖片提供＿摩登雅舍

得利電腦調色漆參考色票
Dulux 28YY 63/746

01 高彩度的黃色客廳，洋溢開朗、明快感

在飽和彩度的黃牆色圍繞下，客廳呈現溫暖而開朗的基調，搭配棕紅色的沙發與開窗式的餐廳景致，使畫面更有層次感。

得利電腦調色漆參考色票
Dulux 28YY 63/746

得利電腦調色漆參考色票
Dulux 90GG 30/195

02 黃色牆色烘托出地中海壁畫的神韻

黃、藍、紅等強烈的色調最能展現南歐人熱情的人文風土，由其經典的明亮黃色牆面更能襯托地中海壁畫的氛圍。

03 黃白牆色讓空間更立體

圓弧的樑線與歐式柱體的設計元素，在黃色牆面搭配下幸福感十足，讓睡眠空間顯得更香甜。

04 對比強烈的配色創造風格

主臥室在環繞的黃牆上，飾以簡單的異國造型和對比的紫色壁紙形成亮眼的裝飾，讓主臥室更具設計風格。

屋主因已有多次將新家交予摩登雅舍而成功圓夢的經驗，因此即使遠赴上海仍請來信任的設計團隊，希望在異鄉也能擁抱熟悉且最愛的鄉村風格。因為120坪的透天別墅本身即是西班牙建築風格，恰好可以展現出陽光感充足的熱情南歐風格，所以，在一樓玄關先鋪以熱情的金黃色牆面，搭配著地面上宛如波斯地毯的馬賽克磁磚拼貼、拱門、希臘柱等裝飾，最後以手繪地中海壁畫來凝聚焦點，揭開異國風的居家序幕。由於建築本身採複層設計，使二樓的餐廳如窗外美景般，而客廳也因半層的錯置感而更顯立體，創造出宛如南歐鄉間房舍巷弄高低差的趣味。此外，客廳色彩延續以黃色為主調，配上溫馨舒適的沙發與復古吊鐘等，讓不習慣上海寒冷氣候的屋主一回家就能感受溫暖。

Home Data
中國上海市／120坪／建材 進口馬賽克磚、文化石、超耐磨地板、水晶吊燈、彩繪玻璃、手繪牆、進口磁磚、塗料

得利電腦調色漆參考色票
Dulux 50YY 80/455

case 15

普羅旺斯橘黃彩牆，
讓鄉村居少了繁瑣多了個性

文__柯霈婕　圖片提供__禾創設計

得利電腦調色漆參考色票	得利電腦調色漆參考色票
Dulux 46YY 74/602	Dulux 05YY 42/727

01 熱情溫暖的橘黃色牆讓家超有活力

為了讓光線不足的空間顯得明亮，主牆面
透過明亮又洋溢溫暖的橘黃色鋪陳，讓居
家充滿田園自然的味道。

由於本案為長形屋，因此設計師處理鄉村風格的空間時，著重優先排除影響鄉村生活精神的空間問題，例如採光、動線、收納等，並藉由色彩與格窗化解採光不佳，天花板低矮，有樑柱等問題。以半腰牆與格窗打造半開放式書房，光線藉由透明格窗得以導引進客廳，接著以普羅旺斯的橘黃對應質感舒適的深色木質地板，讓親切的美式鄉村擁有南歐的熱情，當光線灑落在鮮豔的橘黃色牆面時，整體空間明亮度更加提升，而原本就屬暖色系的色調亦帶出溫馨居家風貌。

做好了空間基本架構之後，接著再依次增添鄉村風元素，刻意不做滿的文化石磚電視牆，美式鄉村經典傢具等，利用硬體裝潢與軟裝裝飾，讓屋主期待中的美式鄉村居家風格更到位。

Home Data
台北市／ 23 坪／建材　木作噴漆、文化石、復古磚、清玻璃

02

03

得利電腦調色漆參考色票
Dulux 46YY 74/602

得利電腦調色漆參考色票
Dulux 05YY 42/727

得利電腦調色漆參考色票
Dulux 30BB 83/013

02 簡單的層板讓牆面更立體
在鮮艷的橘黃色牆襯托下，沙發邊牆以簡單的層板搭配古典韻味的壁燈，架構出乾淨立體的展示牆，也讓物品成為主角。

03 壁燈展演歐式風情
以不同型式的壁燈在家的各個角落進行鄉村風格的演繹，鐵件搭配裙狀燈罩，製造歐洲城堡的神秘氛圍。

04 白色線板輕淺粉紅色，降低空間沉重感
帶有日式鄉村基調的床頭櫃與邊櫃，在半高線板背牆的襯托下，散發迷人可愛的氛圍，木檯面與白色立面搭配精緻五金，形成清爽美好的畫面。

04

case 16
清新橄欖綠妝點閒適度假宅

文＿劉禹伶　圖片提供＿彩田舍季

01

得利電腦調色漆參考色票
Dulux 70YY 83/300

02

得利電腦調色漆參考色票
Dulux 45YY 73/519

　　位在淡水的宅邸有著偌大的露台空間，可讓居住者遠眺山景，考量家人喜好，及女主人最愛的自製手工拼布，設計師決定採用南歐鄉村風格的繽紛色彩，其中客廳主牆選用清新的橄欖綠，輕淺色調立刻營造出舒適、放鬆的居家氛圍，傢具顏色雖略帶深沉，但亦屬大地色系的咖啡色讓整體空間獲得平衡而不顯突兀。屋中無論是圓弧造型的門片、廚房的收納展示空間，或是木作的造型書桌，皆是舒適的綠色襯著原木妝點，慵懶的情調瀰漫全室；廚房的咖啡磚牆，配上設計師刻意找的巧克力磚，絕對讓掌廚者有了童趣好心情。作為度假使用，這兒這是讓人放慢節奏的愉快居所。

Home Data
新北市／50坪／建材 實木頁葉、海島型鋼刷木地板、實木廚具、進口磁磚

01 慵懶的南方風情
客廳充滿了南方風情的橄欖綠，舒適的座椅、木作的造型桌，客廳與書房間的隔間門片亦是圓弧造型，慵懶的情調瀰漫全室。

02 六種磁磚拼貼餐廳空間
從牆面到地面，使用六種磁磚拼貼，牆面則以舒適的黃色與拼貼磁磚做搭配，相互協調的色系，提昇用餐空間的閒適氛圍。

case **17**
輕鬆享受都市綠意

文＿王玉瑤　圖片提供＿禾創設計

01

得利電腦調色漆參考色票
Dulux 20YY 63/258

　　本案一開始便以屋主喜愛的鄉村風做規劃，但考量到坪數不算大，於是先利用拋光石英磚替空間做鋪陳，接著運用鄉村鄉經典元素──文化石打造電視主牆，構築出鄉村風基調，為避免文化石牆過於沉重造成壓迫，牆面刻意不做滿，剩餘的牆面漆上綠色帶入鄉村風予人的自然感受。

　　沙發背牆利用半腰牆結合格窗設計，化解隔間牆造成的狹隘感，同時也順勢將客廳大量的光線引入和室，並以拉門取代推門節省空間，讓空間得以發揮極致。綠色牆面無所不在，在不同空間以不同比例做分配，位於餐廳以大面積形成視覺焦點，營造出讓人放鬆的用餐區域，同時在收納櫃背板也以相同的綠，呼應牆面色彩；至於客廳反以小面積點綴式處理，增加活潑感也豐富過白的空間。

02

得利電腦調色漆參考色票
Dulux 40YY 73/028

Home Data
台北市／ 19 坪／建材 文化石、拋光石英磚、復古地磚、木百葉

得利電腦調色漆參考色票
Dulux 30GY 24/404

03

01 利用白與綠營造自然味
利用文化石牆帶出鄉村風的手作感，同時搭配點綴性的綠色牆面，為整體空間慘入一點大自然氣息。

02 以壁紙打造鄉村居家風情
選擇一面主牆貼上小碎花壁紙，空間立刻瀰漫濃濃的鄉村風味，透露微黃光線的壁燈，更增添臥室的溫馨感受。

03 讓用餐變得開心愉悅
用餐區域延續主空間的綠，改以大面積塗刷形成視覺上的焦點，有如置身大自然的用餐空間，讓人也變得開心愉悅。

> style 2
北歐風居家風格配色

北歐在一年四季當中，唯有夏季才能盡情享受充沛的日照，因此他們非常重視光線及色彩，大量運用吊燈、壁燈、桌燈等複合光源，加上溫暖的中色調，目的就是要將太陽的熱度搬到家中！

色彩運用 Tip

1 **白色簡約**點綴原木創造出自然溫暖氛圍。**2** 淺灰色、深灰色、黑色和深褐色能**穩定心情**。**3** 加入**色彩鮮明**的燈具、單椅或是抱枕傢飾軟件佈置。

北歐風崇尚簡約實用的設計，居家空間規劃去除複雜的裝潢，對於樑柱或天花也沒有過多的包覆，首要考量在於居住者的生活習性，包括家中每一位成員的居住習慣和嗜好，格局配置亦十分靈活，可能一打開門就看見廚房。而在建材的使用上，承襲過往的歷史，木材資源豐富且容易取得，因此建築中使用相當多的木頭，淺色系的木紋可傳遞溫暖柔和感受，染色、特殊鋼刷處理也能突顯木頭的質感紋理，增加溫暖的布織品運用更是軟裝潢的要件之一。

How to do 北歐風不敗配色

綠＋白

大自然看得到的顏色經常出現在北歐風格的居家環境中，若加入一點灰白色隨即變成緩和色調，具有舒壓的感受。

黑灰＋白

黑、灰白色常作為主色調，或重要的點綴色使用。有時甚至畫框或是燈罩，也會以黑白色來搭配，甚至運用一點灰色來做空間的過渡設計。

大地色＋白

大地色是木頭顏色的延伸，從咖啡色、卡其色、褐色、芥末黃等，和室外陽光有著呼應的效果，相互搭配都不會出錯。

得利電腦調色漆參考色票
Dulux 00NN 07/000

圖片提供__ a space..design

case 18

明亮嫩綠與中性灰的調和，
展現簡鍊北歐風情

文__蔡竺玲　　圖片提供__逸喬室內設計

得利電腦調色漆參考色票
Dulux 10GY 52/541

01 相同色系統一空間調性
主牆選用鮮明的綠色為居家帶來躍動的生活感，為了呼應牆色，繽紛的地毯和抱枕不約而同地選用相同色系，使整體調性一致。

　　喜愛簡單的屋主以簡潔明亮的北歐風為設計主軸，原本打算以素淨的白色鋪陳全室，但設計中途造訪過一家親子餐廳後，對餐廳用色一見鍾情，決定使用相同的嫩綠，作為居家主色。將鮮明的綠色妝點於開放書房的背牆，創造亮眼焦點，成為一入門的絕佳景致。沙發則選用灰色，成為牆面與地毯、抱枕的中介調和，同時中性的灰色也貫徹北歐風格的乾淨簡鍊特質。客廳與書房無隔間的設計，則展現空間深度，使用色不顯壓迫。

　　考量到屋主年幼的小孩，兒童房的設計以充滿女性柔美的粉紅色為主題，在牆面和衣櫃分別使用深淺不一的粉色，讓空間具有層次。衣櫃下方的跳色也正好成為收拉抽屜的提示，讓幼兒在生活中學會如何辨別色彩。

Home Data
新北市／25坪／建材 木皮噴白、馬賽克、清玻璃、超耐磨地板、噴漆

02 不同材質和色調豐富視覺
層板書檔呼應牆色，運用深淺不一的綠點綴，並穿插玻璃書檔，適時營造視覺的輕盈感，設計層次更為豐富。

03 同色系形塑和諧氛圍
女孩房牆面以素雅的淺粉紅鋪陳，作為空間底色，衣櫃則用深粉紅成為視覺重點，兩色相互呼應，形塑平衡和諧的空間氛圍。

得利電腦調色漆參考色票
Dulux 10GY 52/541

得利電腦調色漆參考色票
Dulux 50RR 83/029

case 19
淺灰、咖啡醞釀人文北歐風

文__ Patricia 圖片提供__ PartiDesign Studio

得利電腦調色漆參考色票
Dulux 50YR 62/008

01 柔軟自在舒適感
公共廳區選用淺灰柔色，在白色和木頭
基調的主軸之下，以輕淺柔和的灰色鋪
陳，中和彼此之間的冷暖性格。

02

得利電腦調色漆參考色票
Dulux 20YY 43/083

02 暖咖啡拉出空間深度與層次

主臥室牆面的層板展示架，選用與公共空間相近的暖咖啡色調，整體性讓空間有放大效果，也使牆面視覺更有活潑性。

03 深咖啡淡化浴室入口

餐廳旁所面臨的浴室，特意選用重色調——深咖啡色，讓人一眼注意到的是明亮的白、木頭色，即可忽略入口的存在感。

原本作為辦公空間的中古屋，幾乎是全空的狀態，因此，最令屋主困擾的就是格局配置，毫無任何頭緒這個家能變成什麼模樣？秉持將屋主生活習慣與需求融入整體規劃的 PartiDesign，因著屋主對於開放餐廚的喜好，以及自然原味的空間氛圍重新予以安排。推開大門，映入眼簾的是自廚房延伸出來的純淨吧檯，大量的白與風化梧桐木調，適當地選用近乎同一色調的灰、咖啡色點綴於不同空間，沙發背牆使用淺色可讓空間感覺較為寬闊，臥室層板牆面背景的色彩運用則帶來活潑性，包括架高客房亦選用茶色玻璃材質，在冷暖交錯的色彩氛圍之下，達到充滿人文、自然的北歐調性。

Home Data
台北／ 32 坪／建材 風化梧桐木、超耐磨木地板、乳膠漆

03

得利電腦調色漆參考色票
Dulux 50YR 26/023

case **20**
走進森林系北歐居家

文＿Patricia　圖片提供＿大湖森林設計

得利電腦調色漆參考色票
Dulux 90BG 17/090

01

得利電腦調色漆參考色票
Dulux 90YY 40/058

得利電腦調色漆參考色票
Dulux 90BG 63/072

01 淺灰扮演調和色彩功能

公共廳區以米色、黑色鐵件、梧桐鋼刷木
為主軸，挑選中性色—淺灰當作過渡色，
藉此平衡、帶出空間的層次。

02 深淺綠營造森林系居家

為活潑的小男孩挑選綠意盎然的牆色，搭
配明亮的草綠色床單，與一旁的木頭傢具
更為協調，更有療癒心靈效果。

03 深灰牆面傳遞靜謐感

考量主臥室為休憩用途，加上光線十分明
亮，特別選用穩重的深灰色刷飾，亦與咖
啡色木地板形成和諧色階。

　　三房二廳的新成屋，經設計師評估
現有格局動線皆符合屋主需求，因此決
定把錢花在刀口上，運用「加法」概念
創造出屋主喜愛的極簡北歐風。整體空
間採用白色、梧桐鋼刷木為主要材質，
尤其是透過木頭的觸感、視覺，結合屋
子良好的光線照射之下，立刻讓人感到
放鬆，當中更少量運用鐵件、銀狐大理
石材質，傳遞較為現代簡約的北歐調
性。對於功能的設計上，設計師也將客
廳後方規劃為開放閱讀區，原本封閉的
廚房捨棄門片，中島吧檯由內延伸至餐
廳，使廳區的互動連結更為緊密，而餐
廳主牆的梧桐木櫃體則完美地整合了電
器、紅酒與電裱箱，回應北歐生活所強
調的實用與機能兼具。

Home Data
台北／ 25 坪／建材　銀狐大理石、梧桐木鋼
刷、鐵件、噴漆

03

得利電腦調色漆參考色票
Dulux 90BG 17/090

case **21**

凝聚情感的清新北歐風

文__ Patricia　圖片提供__伊家設計

　　約莫十年的中古屋，原始廚房位在屋子的中央，兩旁分別是臥室、書房，隔間側牆形成狹窄的走道，不僅擁擠侷促，光線也非常薄弱，對照屋主喜愛的白、木頭交錯以及陽光灑滿一室的北歐氛圍，格局勢必得重頭來過。為此，設計師將廚房挪至前端位置，開放餐廚與客廳連結的流暢動線，加上書房移至客廳後方並採玻璃隔間的形式，一步步完成俐落明亮的北歐框架。除此之外，電視主牆特別選用印度黑仿古面石材，就是刻意要隱藏對北歐生活而言的次文化（電視），以及輕巧好移動的茶几傢具，亦可身兼側几使用，讓空間情感的凝聚力更為濃厚，呼應北歐人對家的重視。

Home Data
桃園／38 坪／建材 栓木、義大利仿古磚、貝殼馬賽克、超耐磨地板

01

得利電腦調色漆參考色票
Dulux 50BG 76/090

01 和諧材質色彩運用
湖水綠牆色來自於廚房吧檯、牆面獨特的磁磚，大量白色的主軸下加入木頭材質，傳遞溫暖柔和感受。

02 自然清新湖水綠牆
以現代感的北歐氛圍做基礎，選用清新的湖水綠，加上光線、木色傢具搭配，呈現簡單卻又不失活力的北歐調性。

得利電腦調色漆參考色票
Dulux 50BG 76/090

02

case **22**
森林居家的色彩精靈

文__ Patricia　圖片提供__馥閣設計

得利電腦調色漆參考色票
Dulux 10GY 83/075

01 桃紅餐椅注入活潑氣氛

在黃綠色、木頭為主色的公共空間，特別
加入鮮豔的桃紅餐椅，讓北歐風呈現繽紛
亮麗的另一種風情。

02

得利電腦調色漆參考色票
Dulux 30GY 38/368

02 黃綠牆色走道營造森林氛圍

餐廳延伸至走道牆面刷飾與木頭質感最為搭配的黃綠色彩，玻璃書房櫃體也特意選擇綠色呈現，整體更為協調。

03 淺灰色塊修飾大樑

為了強化櫃體與修飾天花大樑，選用淺灰壁面作區隔，淺灰屬於中性色調，既能與梧桐風化木作和諧搭配，又能巧妙地帶出空間層次。

04 淺灰臥室製造寧靜感

考量主臥房選用深色原木傢具，為避免過於壓迫與沈重，床頭牆色搭配有利於睡眠和休息的淺灰色。

03

得利電腦調色漆參考色票
Dulux 70BB 64/035

04

得利電腦調色漆參考色票
Dulux 10RR 56/029

設計師將公共廳區的主要視覺焦點──走道，以厚實的軟木片雷射切割出一幅世界地圖，地圖邊緣、地名更以燒製方式仿造自然質感，搭配延伸呼應 Eames RAR 搖椅的黃綠色牆面，成功打造專屬屋主獨一無二的幸福版圖。除此之外，開放廳區木作主要選用梧桐風化木，清爽的木頭質地呼應夫妻對於自然原味的喜愛，而從玄關至客廳一體成形的櫃體整合了鞋櫃、影音、雜物等機能，襯上淺灰背景牆面，更有深淺層次。一方面，在大地色調為主的配色下，設計師也特別挑選桃紅色餐椅作佈置，透過高彩度單品的運用，讓自然北歐風格多了繽紛活潑的氣氛。而主臥房、次臥房則皆選用延續廳區的淺灰色調，使空間有整體性，亦有助眠、放鬆的效果。

Home Data
竹北／ 33 坪／建材　梧桐風化木、玻璃、磁性漆、塗料

case **23**
洋溢清新色調的北歐居所

文__ Patricia　圖片提供__ PartiDesign Studio

01 芥末黃牆面明亮溫暖

擁有充足採光的客臥，將主牆刷成洋溢活力朝氣的芥茉
黃，在晨光照耀下更顯清新舒適，帶來絕佳的休憩氛圍。

得利電腦調色漆參考色票
Dulux 70YY 66/510

四房二廳的新成屋，從預售階段即交由設計師變更格局，由於現階段為夫妻倆居住，因此設計師拆掉一房加大公共空間，其中一房採取架高地板規劃，未來可作為孩子的遊戲室。對於家的想法，屋主喜歡木頭的溫暖質感，也非常重視收納，希望家裡看起來不要有很多東西，能呈現簡單乾淨的樣子。因此，設計師選擇以山形紋、直紋等不同紋理方向的橡木為櫃體面材，並藉由凹凸的立體造型、加上像是書櫃底部運用鐵灰色調鋪陳，跳脫櫃體的存在性，滿足屋主的收納又不顯雜亂，一方面增加粗獷質樸的石材於電視主牆，結合可引渡光線的百葉窗簾，開啟屬於倆人的幸福北歐生活。

Home Data
新竹／35坪／建材 橡木、栓木、美耐板、超耐磨地板

得利電腦調色漆參考色票
Dulux 01RR 77/091

02 粉紅牆色增添浪漫
主臥室一改廳區的調性，搭配女主人喜愛的粉嫩牆色，以及白色系為主的傢具，清爽中帶有浪漫可愛的氛圍。

03 鐵灰書櫃化解櫃體存在
書牆特意選用山形紋、直紋交錯的橡木打造而成，並運用鐵灰色彩刷飾於開放櫃子，降低收納量體的壓迫。

得利電腦調色漆參考色票
Dulux 90YY 19/075

case 24
溫暖色調的純淨北歐風

文__ Patricia 圖片提供__甘納設計

01

得利電腦調色漆參考色票
Dulux 50GY 73/049

02

得利電腦調色漆參考色票
Dulux 50GY 83/040

03

得利電腦調色漆參考色票
Dulux 90RB 75/051

　　年輕夫妻倆的第一間房子，當初購屋時特別重視格局是否方正，也自行退掉書房隔間，為的就是希望能在有限預算下，完成倆人喜愛的簡約北歐風，以及豐富且多元的收納空間。因此，新成屋特別減少特殊造型工法的木作櫃體，簡約線條構成現代北歐基調，並搭配原木、染灰木皮櫃子帶出立面的層次與變化性。另一個重點就是油漆，當預算不足時，色彩是經濟又能創造風格的平價材質之一，尤其設計師在公共廳區牆面刻意挑選與白楊木細緻質感吻合的奶油色、霧香色，配合著屋子明亮的採光條件，當光影灑落屋內呈現溫暖舒適的氛圍，與北歐訴求的光線、色彩不謀而合。

Home Data
桃園／ 24 坪／建材 白楊木、灰玻璃、黑板漆、乳膠漆

01 輕淡霧香自然純淨
從沙發轉折至餐廳的走道牆面，挑選色階差異較低的霧香色鋪陳，與客廳有所區隔又不至於太過突兀。

02 奶油牆色呈現溫暖感
沙發背牆選用柔和的奶油色刷飾，與紋理細緻的白楊木形成溫暖和諧的一致調性，亦呈現屋主希冀的簡約調性。

03 紫色調浪漫主臥室
主臥室採用簡約木色、白色烤漆傳達現代北歐風精神，同時滿足收納機能，並局部點綴紫色塗料，製造浪漫情調。

case **25**
漫步森活綠意北歐居家

文＿ Patricia　圖片提供＿明樓設計

得利電腦調色漆參考色票
Dulux 70YY 66/510

　　現代人工作繁忙，總是渴望回到家能卸下壓力，享受真正放鬆的居家氛圍，有鑑於此，明樓設計運用材質、顏色創造無壓的環境，公共空間採用開放型態，搭配短牆、拉折門區分場域，保留開闊通透的空間感受，摒除繁複的線條裝飾，並經由最原始的木紋肌理、板岩等一系列深淺的大地色系，加深暖度、層次、質感三大效果，充分地將大自然元素融入生活。在顏色的規劃上，公共廳區以明亮為主，書房特意挑了綠色做跳色，呼應自然環境的清亮綠意感；主臥室捨棄飽和度較高的顏色，選用大地色系的棕褐色，舒緩白天工作上的緊張情緒；小孩房則搭配舒服又具朝氣的樹葉綠鋪陳，加上不同深淺木紋超耐磨地板，作為架高床區禹走道的轉換，讓顏色的轉折起合賦予自然清新步調。

01 清亮綠意提升空間層次

公共區域以自然明亮為主，將清亮綠意帶進書房中，無壓又能提高精神，就像芬多精的功用。

02 自然清新活力感

針對孩房色彩，以不失活潑但又能助眠為思考，刷飾清新舒服的樹葉綠，並加入白色烤漆處理與淺木紋作調和，打造質樸自然的氣氛。

03 森林系配置舒緩壓力

主臥室捨棄高飽和度色彩，棕褐色加上淺色木紋的床頭背板設計、輕量感燈具運用，達到紓壓效果。

Home Data
新竹／ 50 坪／建材　風化木皮噴漆處理、浮雕白梣面板、版岩磚、石英馬賽克、強化玻璃、茶鏡、白玻、茶玻貼噴砂貼紙、不繡鋼毛絲片、系統櫃、QUICK-STEP 木地板

得利電腦調色漆參考色票
Dulux 88YY 66/447

02

03

得利電腦調色漆參考色票
Dulux 70YY 59/140

case 26

以灰藍貫穿空間，
帶出沉穩、簡潔北歐個性

文＿＿王玉瑤　圖片提供＿＿四方丰巢設計

01 以灰藍主牆延伸視覺感受

利用灰藍色將客廳、餐廳及書房做串聯，藉
由顏色整合被分割的空間，讓視覺得以延
伸，空間也顯得更寬闊而不覺侷促。

得利電腦調色漆參考色票
Dulux 90BG 29/267

02

得利電腦調色漆參考色票
Dulux 90BG 50/157

典型的 30 年長形老屋，如何突破只有前後採光與隔局的配置難題？首先，為了引進戶外光線，設計師將長形空間一分為二，客廳、餐廳等公共領域，挪移至擁有大露台的房子後半段，不做任何隔牆區隔，僅以傢具做空間分界，光線也因此能夠毫無阻礙的照亮了原本陰暗的老式格局。屬於私領域的臥房，則順勢移至房子前半段，經過重新隔局後的臥房雖然不是屋主期待的套房形式，但原有的採光條件，意外讓屋主擁有一個明亮、舒適的睡眠空間。

考量到本案為長而且窄的屋型，需避免因顏色而造成壓迫及狹隘感，因此用色以精簡、不過重為原則，僅利用屬於中間色系的灰藍色做為牆色，並藉此串聯起公、私領域，讓視覺因為牆面顏色得以延伸，進而達到放大空間的效果。

Home Data
新北市／25 坪／建材 木皮、霧面磁英磚、超耐磨、乳膠漆

02 原木帶出輕調北歐風

減少過多用色，避免讓長而窄的空間產生壓迫感，最多以木素材的天然木色做點綴，帶出北歐風追求自然的極簡調性。

03 利用素材質感切換牆面表情

延續公共空間的簡潔用色，只在臥房背牆貼上灰白色壁紙；帶點珍珠光澤的壁紙在燈光的照耀下，展現不同於單調白色的華麗表情。

03

得利電腦調色漆參考色票
Dulux 90BG 72/088

case 27
墨綠 × 木材創造人文北歐風

文＿ Patricia　圖片提供＿大雄設計

01

■ 得利電腦調色漆參考色票
Dulux 90GY 10/250

　　單層 15 坪、挑高 4 米 5 的中古屋，原始動線侷促且擁擠，光線也未能流通，與年輕夫妻嚮往的明亮、自然人文氛圍差異甚大。對此，設計師利用挑高優勢，以樓梯為屋子主軸，加上上層空間的隔間開口設計，讓光線能層層穿透至屋內，而局部的開窗產生的相互凝望視角，更形成有如美術館般的感官情趣。不僅如此，樓梯也兼具多元機能：面對玄關處是鞋櫃、靠近廚房則是櫥櫃和電器櫃，而面臨客廳的部分則是內嵌展示櫃，為小房子創造豐富收納性。在材質與色彩的搭配上，設計師大量運用多種具自然感的木材鋪陳，例如地面是樹節紋理鮮明的實木橡木，餐桌則是厚實的二手檜木拼接，傳達溫暖質感，也因此，廳區主牆特別選用接近大自然的墨綠色刷飾，充分營造出具人文品味的北歐生活步調。

Home Data
台北／28 坪／建材 橡木、胡桃木、栓木、大甘木、鐵刀、檜木、玻璃、鐵件

02

01 墨綠牆色帶出人文質感
調整後的格局引入充沛明亮自然光，四季、氣候的光線變化，搭配著溫暖厚實的墨綠色牆色，移植北歐居家的舒適自在。

02 混搭金屬、烤漆突顯材質特色
除了墨綠牆色，整體以白與木色為基調，並穿插運用金屬、玻璃、烤漆等現代材質，呈現空間的豐富深度。

case 28
沈穩與活力兼具的北歐宅

文__ Patricia　圖片提供__ PartiDesign Studio

　　壁癌，是這間老屋翻修的主要困擾，一方面屋主也很擔心裝潢建材對家人健康的影響，因此，設計師將壁癌予以刮除處理過後，在幾處壁癌部分特別施作珪藻土，藉由可吸附水氣、調整空氣濕度的特性，達到雙重效果，同時珪藻土亦屬於健康低甲醛建材。此外，面對著重收納機能的屋主需求，設計師以風化梧桐木為櫃體面材，運用櫃體的堆疊、分割線條手法，打造有如藝術品般的獨特收納牆，而在牆面底部則加入中性淺栗子色調，讓立面更具層次與立體感，搭配大量的白與木質感基調，回應屋主對簡約自然的喜好，而小孩房則使用活潑的芥茉黃色調，打造愉悦充滿活力的氣氛。

Home Data
台北／ 30 坪／建材 風化梧桐木、超耐磨木地板、乳膠漆、珪藻土

得利電腦調色漆參考色票
Dulux 66YY 77/407

01

01 芥末黃創造活力氛圍
小孩房挑選明亮的芥茉黃色調，與木質基調極為融洽，一方面也符合使用者的青春活力性格。

02 淺栗子牆色暖化空間
客廳主牆以風化梧桐木櫃體、白色搭配淺栗子色調做出立體層次感，櫃體的堆疊好似藝術品般，彈奏出輕快的生活樂曲。

得利電腦調色漆參考色票
Dulux 30YY 36/094

02

case 29
簡約樂活綠色小屋

文__ Patricia 圖片提供__馥閣設計

| 得利電腦調色漆參考色票 | 得利電腦調色漆參考色票 |
| Dulux 70YY 75/124 | Dulux 30GY 50/195 |

01 橘紅燈具創造跳色效果
在綠與柚木、栓木的主要空間基調下,為避免氛圍過
於平淡,設計師特意選用鮮艷的燈飾達到吸睛效果。

02

得利電腦調色漆參考色票
Dulux 90YY 78/334

02 鮮黃孩房打造活力氣息

預留的小孩房搭配不論男女皆適用的黃色作主軸，讓視覺更加豐富有層次，包括書櫃、收納機能也預先規劃完成。

03 春綠牆色自然清新

配合屋主裝潢初期選定的柚木電視櫃，客廳主牆刷飾一抹春綠色彩，呼應屋主簡單樂活的居家生活。

這是一間由預售屋即進行變更的屋子，格局、電線管路得以按照屋主的實際需求重新調整，免除二次拆除、費用增加的問題。此外，重視環保健康的夫妻倆，期盼新家能以簡約、自然、無毒為訴求，一方面，他們也早已決定使用詩肯柚木傢具作主軸，整體色調的搭配自然相當重要。考量柚木傢具屬於深色木感，對此，設計師在於立面櫃體部分，選用具立體紋路的栓木延續空間的自然調性，包括地面同樣採用淺色木磚，結合俐落的空間線條，呈現北歐風的簡約設計精神。而在公共廳區的清新氛圍下，設計師也特別在餐廳搭配一盞橘紅色現代吊燈，形成跳色效果，創造最搶眼的視覺焦點。

Home Data

竹北／28坪／建材 栓木、胡桃木實木板、烤漆玻璃、乳膠漆

03

得利電腦調色漆參考色票
Dulux 30GY 50/195

case **30**
搶眼的橘為淨白的北歐風注入活潑感

文__王玉瑤　圖片提供__舍子美學設計

01 改變牆面表情的橘紅色

原本白白的一面牆，塗上強烈的橘紅色之後，提昇了整
體空間質感，也豐富視覺感受，特意調低色彩明度，也
不妨礙主人睡眠。

■ 得利電腦調色漆參考色票
Dulux 30YR 18/212

　　屋主夫妻倆平時喜歡收集具有童趣的擺飾品，個性也較活潑、浪漫，雖然他們喜歡北歐空間的自然療癒，但希望在居家空間能帶入更多繽紛的色彩。首先，藉由大地色系為整體空間做色彩上的統一，白色文化石打造的電視主牆，強調建材手作感，增加視覺層次感受，室內不適合使用過重的石材，沙發背牆改以貼上擬真的仿岩石壁紙，營造有如置身大自然的情境，不強調色彩，巧妙以建材各自相異質感，及傢具傢飾的跳色搭配，跳脫原本過於白淨的單調，亦架構出屋主期待的北歐風。臥房空間以女主人的喜好為主，經過仔細挑選，選定以強烈的橘紅色做為主牆顏色，為空間帶出成熟、浪漫魅力，特意降低明度的橘紅色依舊搶眼，恰與略帶深色的木地板達成平衡與協調，化解強烈色彩容易帶來的壓迫與煩躁感，也打造出極具時尚品味的舒眠空間。

Home Data
新竹／66坪／建材　文化石、風化木染白、柚木原木切片、茶玻璃、茶鏡

02

得利電腦調色漆參考色票
Dulux 60YY 69/583

02 芥末綠活化深沉木色
從電視牆下的收納櫃一路延伸至窗邊的坐臥區，皆以深色木作打造，適時加上芥末綠坐墊，不只坐得舒適，更降低深色帶來的沉重感。

03 以仿岩石壁紙打造自然感受
不用過重的岩石類建材，以幾可擬真的仿岩石壁紙，一樣可以營造北歐風追求的自然空間。

得利電腦調色漆參考色票
Dulux 70YY 46/160

03

case **31**
淡雅深灰打造舒適北歐居家風情

文__張立德　圖片提供__禾築設計

01 粗獷灰牆打造空間大器感

電視主牆選用深灰色特殊漆，粗獷牆面在燈光下展現自然
樸實質感，同時也豐富整體空間層次。

得利電腦調色漆參考色票
Dulux 30BG 56/045

　　客廳利用ㄴ型大窗明亮的採光，配置傢具及燈飾，特別選用較低矮的傢具型式及電視矮櫃平台，除了展現沙發的舒適度，也將開闊的空間感留給視覺；電視主牆的材質特別選用二種不同色澤紋理的特殊漆，深灰色較粗獷部分在燈光營造下，展現自然樸實質感，在主牆三分之一處則轉為淺灰色較平滑的觸感，並一路延伸進走廊及私密空間，刻意不在轉角處做材質界線，除了讓主牆更有變化，也消化空間裡的視覺銳角，搭配轉角中段的金屬板區塊，在溫馨寧靜的居家情境中帶點低調冷感，透過材質讓牆面說故事。主臥運用大地及原木色調，讓空間簡潔帶有溫暖的舒眠氣氛，而小孩房除了白色及原木色調外，溫馨的鵝黃色主牆成為視覺焦點，也讓臥室有濃厚的北歐風情。

Home Data
台北市／37坪／建材　特殊漆、金屬板塊、系統櫃、拋光石英磚

02

得利電腦調色漆參考色票
Dulux 90BG 72/038

03

得利電腦調色漆參考色票
Dulux 45YY 79/376

02 暖中展現微冷調
有別於主牆的粗獷深灰，平滑觸感的淺灰色具導引空間作用，搭配轉角中段的金屬板區塊，在溫馨寧靜的居家情境中帶點內斂的微冷調。

03 帶有北歐風味的白、原木色及鵝黃色
除了白色及原木色調外，暖色調的鵝黃色主牆加強孩房的溫馨感，同時營造出濃濃的北歐感受。

case 32
鮮紅傢飾打造明快北歐風
文__Patricia __圖片提供__ PartiDesign Studio

`01`

得利電腦調色漆參考色票
Dulux 30GY 56/023

　　北歐居家雖然多半為白與木質色調，然而他們也非常懂得運用色彩，就像這戶老屋翻修的案子，當初屋主早已選定丹麥品牌 B&O 紅色音響，所以設計師特別為其搭配一盞紅色吊燈，讓整體色調更趨協調，除此之外，在於電視牆體、餐廳旁的一字型輕食料理區的牆面，皆選用中性灰色刷飾，包含廚具壁面也同為灰色烤漆玻璃，選用中性色彩有幾個原因，一來是避免搶去既定的音響傢飾配件顏色，再者是隨著使用者的生活累積，得以加入更多屋主喜愛的軟件，例如抱枕、掛畫等等，能因應季節轉換不同的居家氛圍，而這也充分呼應北歐居家強調回歸人在空間生活的態度。

Home Data
台北／40 坪／建材 橡木集層、超耐磨木地板、乳膠漆

`02`

得利電腦調色漆參考色票
Dulux 30GY 56/023

01 淺灰主牆襯托紅色音響
因應屋主喜愛的亮麗紅色丹麥音響系列，電視主牆以白與低調的灰色搭配而成，藉此襯托出音響的特色。

02 灰色配原木突顯人文質感
重新配置於餐桌旁的一字型輕食專用廚房，牆面延伸灰色彩，配合上此處的木頭傢具，散發出淡淡的人文氣息。

case **33**

綠牆玩出自然悠閒北歐風

文__ Patricia　圖片提供__蟲點子創意設計

　　19坪的房子，原始格局存在一些問題，空間過於切割，阻擋室內光線進入屋內，每個房間也很小。考量居住成員單純，現階段為夫妻兩人，設計師將多餘空間釋放出來給公共空間、主臥室，並特意保留彈性空間，因應未來增加家庭成員時的必須性。此外，由於夫妻倆都很喜愛木材質搭配石材散發出來的自然人文質感，因此空間大量使用木材質，沙發背牆則是刻意染成黃色的文化石，在微黃燈光照射下，增添家的幸福感。而最引人注目的還有書房的綠色牆面，與戶外灑落的陽光搭配，創造自然放鬆的美好氛圍，也滿足夫妻倆喜歡的綠色調，成為二人專屬的小天地。

Home Data
新北市／19坪／建材　鋼刷梧桐木、文化石、結晶烤漆、人造石

01

得利電腦調色漆參考色票
Dulux 56YY 86/241

01 石材與木材質的組合，增加家的溫度
選擇將文化石漆成黃色，加上微黃的燈光與淺色木地板互相呼應，營造出家的溫度。

02 綠色注入悠閒感
選擇在採光極佳的書房，運用屋主喜愛的綠色作為主要牆面，為空間創造濃厚的悠閒氛圍，也玩出空間的專屬感。

02

得利電腦調色漆參考色票
Dulux 30GY 38/368

> style 3
古典風居家風格配色

歐式古典、新古典及現代古典等三大古典風格，
雖同屬一風格卻有不同的風格展現，其運用的設
計手法和語彙自然也大不相同，從裝修要素、傢
飾搭配及色彩運用，都有各自的特色但又有著相
同的元素。

色彩運用 Tip

1 歐式古典用色要**帶出奢華感**，如**紅、黃、 金**等色 **2** 新古典用色要**內斂**，
如**白、米、毫灰、卡其**等色 **3** 現代古典用色講**對比與衝突**，如**藍與咖啡**等等

提到古典風格，華麗的線板裝飾、捲曲的C型、渦捲狀圖案以及有如宮廷式的挑高
空間，都是古典風格的要素，但其實古典風到了現代，除了傳統的英式與法式等所
謂的「歐式古典」之外，還有新古典，以及現在最流行的現代古典。

英式與法式古典各有不同的語彙及色彩的運用，呈現的是華麗中帶有穩重高貴的氣
質，新古典風格主要以美式風格為主，其走向簡約大方的形式，在色彩的運用更為
優雅，至於現代古典則有奢華、人文以及更加俐落的表現，而在色彩的運用也更為
個人化，既保有傳統古典的裝飾要素，又可與現代都會空間相融合，呈現出更獨一
無二的個人特色。

How to do   古典風不敗配色

紅＋金	籐＋毫灰＋白	藍＋咖啡

歐式古典傢具多為原木
色系為主較為沈重，為
使視覺帶來繽紛及奢華
感受，在色彩的搭配上
多以紅與金為主，手法
上則採對比與跳色技巧，
並以大面積色塊運用，
強調出單面牆的開闊氣
勢。

新古典是由傳統古典簡
化而來，在顏色上的表
現最大特色就是由濃烈
的金色走向較為內斂的
籐色，簡單而溫暖的色
系，除了可鋪陳出高雅
的質感外，也可讓空間
感覺大方而溫暖。

現代古典主要還是延續
古典精神中的奢華與華
麗特色，只不過在色彩
選用上以鮮豔的顏色來
強調視覺效果，對比與
衝突色的用法，並用大
面積跳色來展現出時尚
感。

得利電腦調色漆參考色票
Dulux 45YY 67/662

圖片提供＿ EASY DECO 藝珂設計

case **34**

明亮杏黃讓老宅煥然一新

文＿柯霈婕　圖片提供＿演拓設計

01 用色彩為古典風帶入一絲輕快

讓杏黃色成為客廳的主色調，無論搭配
材質色澤華麗的古典傢具或是顏色粉嫩
夢幻古典主人椅，都是最稱職的背景。

得利電腦調色漆參考色票
Dulux 60YY 83/156

得利電腦調色漆參考色票
Dulux 60YY 83/156

02 親切的淺黃能降低壓迫

面對閣樓房間原有的深色木結構天花，可以藉由淡卻又溫暖明亮的黃色來化解沉重感。

03 中性灰讓亮麗色彩更加耐看

長輩房利用淺灰當背景，完美襯托金色絨布寢具與傢俱傢飾帶來的華麗古典姿態，比起白牆，中性的灰色能將奢華色彩調和得更穩重。

得利電腦調色漆參考色票
Dulux 50GY 74/073

一幢具有歷史的別墅，是業主一家人渡假與家庭聚會時的場所，建築物的外觀採用厚實石材砌成，附著一根古老的煙囪，讓上下層空間都能擁有可燒爐火的真實壁爐，不僅解決山上濕冷的氣候劣勢，也讓空間的異國情調更濃郁。

承襲外觀的異國風情，室內以古典風格為主軸，並在公共空間使用明度高的杏黃色作為牆面主色，一方面藉由明亮色彩跳脫建物外觀的古老樣貌，也為古典風情注入活潑溫暖，讓新舊產生另一種融合與混搭。

除了連接公共空間的閣樓臥室延續使用同樣的杏黃色，其他房間的主色調都不同，並透過白色線板與窗框作為每個空間的共同語彙，使別墅每個私人空間都有自己的表情，卻又彼此相連結。

Home Data
台北市／100 坪／建材 拋光石英磚、大理石滾邊、大理石原石、復古面木地板、矽酸鈣板天花、原木天花板、噴漆、粗燒面大理石、拋光石英磚切成馬賽克

case **35**

運用色彩展現古典氣質
並突顯個人風格

文__ Vera　圖片提供__ EASY DECO 藝珂設計

得利電腦調色漆參考色票
Dulux 45YY 67/662

01 明黃與古典風壁紙展現高貴氣質

開放式的客餐廳以明黃為主色，再搭配古
典風圖騰壁紙，營造出屬於古典的高貴氣
質，中間再綴以白色木作格子玻璃門及壁
爐串聯空間，讓空間更顯清爽。

02

得利電腦調色漆參考色票
Dulux 18BG 47/282

02 藍使白色書房更具個人風格

不同於男主人書房的沈穩,設計師特別選擇白色為空間主色來展現女主人柔美的氣質,以白色格子木作玻璃門與餐廳連結,落地白色古典線板造型書櫃,並將女主人最愛的藍融入空間,展現出女主人的風格。

03 湖水綠讓深色書房變明亮

工作的關係加上閱讀的興趣,男屋主自己的藏書相當驚人,設計師以深色超大容量落地書櫃滿足收納書籍的需求,為避免深色空間過於沈悶,特別挑選男主人喜愛同明亮的湖水綠做為牆面的跳色。

04 橘黃與白色腰板讓小孩房更溫暖

為了營造小孩房休閒而溫暖的空間氛圍,設計師選擇明亮的橘黃色搭配鄉村風元素的白色腰板,讓空間更顯風格個性。

03

得利電腦調色漆參考色票
Dulux 90GG 74/108

04

得利電腦調色漆參考色票
Dulux 45YY 67/662

既是工作夥伴也是生活伴侶,同為專業人士的屋主夫妻買下位在台北市中心的新成屋。由於兩人都曾經在國外求學,很喜歡古典風格的優雅氣質,除此之外,因為工作關係有著大量藏書及文件,對於設計師的期待更不只於風格的營造,還要專長於收納空間的規劃。考量到屋主兩人都需要有各自的工作空間,設計師將其中兩房規劃為男女主人各自專用的書房,同時以不同顏色及造型的落地書櫃滿足收納;主臥則連結更衣室,解決收納空間不足的問題;為了融合風格與機能,設計師將風格語彙與元素轉換成櫃體的造型,並適當搭配風格強烈的現成收納傢具,巧妙地結合風格,滿足收納的生活機能。

Home Data
台北市／45坪／建材 訂製線板、拋光石英磚、訂製傢具、壁紙

case **36**
透過色彩展現美式古典的靈魂

文＿ Vera　圖片提供＿ EASY DECO 藝珂設計

01 色彩與線板呈現美式古典風

以明亮的黃色調與優雅的白色線板搭配，並綴以經典風
格的花色壁紙，營造出美式古典的氣質，同時也揉合了
屋主喜好顏色較深的歐式實木傢具色調，讓空間不會過
於深沈。

得利電腦調色漆參考色票
Dulux 10YY 78/146

01

02

得利電腦調色漆參考色票
Dulux 27YY 68/470

從加拿大溫哥華搬回台灣，屋主夫妻希望能延續在加拿大住家風格的喜好，所以從一開始裝潢既已鎖定美式古典風格，捨棄過於沈重的空間色調，屋主希望以明亮而愉快的色彩來展現空間的風格及個性。於是設計師便運用壁紙與塗料來建構空間的顏色，並以傢具來突顯空間的質感，特別挑選了具有耐久及蒐藏價值的傢具，並搭配蒐藏多年的藝術品，從色彩、壁紙、傢具到浴室的龍頭及磁磚等等大大小小裝修細節，都是屋主夫妻的發想再透過設計師的引導與建議付諸實現。

Home Data
台北市／60坪／建材 訂製線板、實木地板、訂製傢具、壁紙、塗料

得利電腦調色漆參考色票
Dulux 16YR 18/587

03

02 以淺深不同黃界定區域

相較於客廳區域的淺黃，餐廳選擇較深色的黃做為壁面的主色，讓開放式的公共區域層次變化具有空間感；同樣的書房也選擇黃為主色，並搭配亞麻壁布，讓書房多一分人文感。

03 燃燒的玫瑰色為臥室主調

一開始主臥便決定採用紅色系，但要同時與屋主所挑好的壁紙搭配，設計師經過多次的調和塗料與壁紙做比對，才選定「bum rose」定案。

case 37
大地色系營造休閒新古典

文__ virginia　空間設計暨圖片提供__紘幃室內設計 · 銘象建築師事務所

　　兩位同為科技新貴的屋主買下相鄰兩戶，希望整合成一個完全開通空間，並以新古典風格作為主軸，同時期待家充滿休閒紓壓的氣氛。

　　設計師運用多層次的縮放手法，結合廣場，空橋，廊道等歐洲花園城市元素，增加空間的寬敞張力。色彩規劃也不同於新古典的華麗繁複，以淺白色為空間打底，白色牆面局部以線板點綴，單一用色也能營造層次變化。為呼應屋主想要的休閒紓壓氣氛，在淺色中以褐色秋香木地板穩定視覺重心，玄關入內的過道牆面漆成墨綠色，回家進入室內透過顏色轉換情緒。傢具及燈飾的選擇，也以大地色系為主題，雖然材質各異，但透過縝密的色彩計畫，讓新古典居家擁有優雅和休閒的紓壓氣氛。

Home Data
新竹市／80坪／建材　復古磚、鐵件、茶玻、茶鏡、文化石、秋香木地板、卵石、馬賽克、烤漆、板岩

01

得利電腦調色漆參考色票
Dulux 60YR 83/009

01 單純用色讓空間質感立現
牆面選用淺色搭配黑色鍛鐵、大地色系傢具，再點綴一只金色茶几，提升空間質感，用色單純也讓較為繁複的古典語彙變得平易近人。

02 新古典以大地色注入溫暖
現代歐式新古典風格已少用沉重與金碧輝煌的色調，多半將彩度降低，或使用淺色及中性色。以白底為主的空間加入一抹綠牆，呼應大地色的褐色木地板，為空間增加暖度與溫馨感。

02

得利電腦調色漆參考色票
Dulux 30GY 24/404

case 38
以白為主色展現線板的
和諧比例

文__ Vera 圖片提供__ EASY DECO 藝珂設計

得利電腦調色漆參考色票
Dulux 39YY 85/156

　　因為夫妻兩人曾在國外生活過，尤其太太是學古典音樂，對於古典風格的居家也就特別鍾情，買下兩戶合併的新屋時，既已決定以古典風格為新家定調。由於是兩戶合併，設計師便利用玄關串連兩戶合併的空間。為配合客廳白色的演奏型鋼琴，設計師仿歌劇院形式，設計了布幕式電視牆，美化了現代化電器設備，也讓空間更戲劇效果。而白色木作格子門不只強化了風格語彙，同時區隔了公共及私密空間；同樣地線板只用來裝飾，也具有調節空間比例的功能。以白為主的色調，搭配著精緻古典傢具，營造出空間優雅氣質，也為樂聲常揚的小家庭打造出溫暖而舒適的居家。

Home Data
新北市／75 坪／建材　線板、大理石、進口壁紙及壁布、鏡面、柚木地板

得利電腦調色漆參考色票
Dulux 02YY 55/518

01 籐色為底白色線板跳色

線板是古典居家重要的風格語彙，其功能不只在於裝飾，更重要是在於調整空間的比例，為了突顯線板，設計師選擇籐色做為底色，再以白做為線板主色，利用跳色展現層次感。

02 白色古典放大空間感

古典風格較適合運用在大坪數空間，尤其是挑高較高的住宅，因是兩戶打通，空間被玄關切割，無法展現空間的大器，因此設計師特別選擇以白做為空間主色，再透過深色古典圖騰的布飾來展現空間的奢華感。

case 39
淡淡紫羅蘭白的都會女性宅

文__ virginia　空間設計暨圖片提供__紘幃室內設計 · 銘象建築師事務所

01

得利電腦調色漆參考色票
Dulux 30GG 83/006

01 留白的純淨點綴溫暖顏色

白色的空間容易讓氣氛變得過於冰冷，淺褐色秋香木地板與吧檯中島的木質顏色適度平衡溫度，也不致讓用色變得複雜，深色沙發與深淺交錯的抱枕，成為空間中的視覺焦點。

02 白色調主題點綴水藍傢飾

臥房空間不大，延續公共空間用色，精簡用色不讓空間感因顏色而分割。床頭板及矮几等傢具也選用白色調，搭配藍色寢具與抱枕，在一致性中又有變化的趣味。

　　這是一個單身女性的住家，打通了兩間挑高三米四的對稱小套房，因坪數不大，設計師在配色及設計，都刻意降低櫥櫃的存在感，讓收納機能融合，成為壁面及環境背景的一部分，像是廚房的嵌入式書牆，採用和整體空間一樣的顏色，透過節制用色，塑造空間一致的氛圍。

　　客廳以帶著淡灰和淡藍的白，帶出女性細緻優雅的氣質，電視牆以壁爐作為空間的焦點，空間中沒有傳統中門框的線條，讓牆面能夠對稱平衡更符合古典語彙。中島吧檯的設計將廚房及書房結合，成為屋主一邊享受早餐，一邊閱讀書籍地方。臥房延續公共空間的用色，一貫的淡淡紫羅蘭白，搭配藍色寢具，讓空間充滿浪漫但不甜膩的溫馨感受。

Home Data
台北市／ 16.3 坪／建材　白色烤漆、雕刻白大理石、文化石、白色實木百葉、深刻紋橡木地板、結晶鋼烤、人造石檯面、環保板材

02

得利電腦調色漆參考色票
Dulux 30GY 88/014

case **40**
白色美式古典的優雅氣質

文__ Vera　圖片提供__ EASY DECO 藝珂設計

得利電腦調色漆參考色票
Dulux 30YY 78/035

很難想像這樣的居家會在台灣出現！白色的線板從天花板延伸到壁面、溫暖的壁爐、華麗的水晶吊燈、輕柔的碎花窗簾，不同於台灣居家清一色的白、也沒有重到讓人感覺壓迫的色彩。

美式風格是沿襲歐洲文化而發展出來的居家風格，屬於新古典風格的一種，隨著美國成為世界霸主，美式風格居家也日漸普級，而且在融合多元的文化後有著更豐富的內涵。本案由於屋主和從事空間設計的先生，都有過美式生活的經驗，在買下鄰居舊屋後，著手進行兩戶合併的空間改造時，便決定以美式自然而溫暖的風格為主調。因此接手的設計師不論在空間規劃、風格語彙、材質選擇、色彩及傢具、傢飾佈置都展現出美式風格居家的丰采。

Home Data
新北市／60 坪／建材 線板、大理石茶几、美式新古典、傢具、壁紙、水晶吊燈、窗簾

01 毫灰色與白色的層次美

色彩是美式風格居家的重要元素，明亮而豐富的色彩，讓人居住其中心情自然放鬆。依空間選擇不同的主色，像客廳壁面就以毫灰色為主色，再以白色線板做跳色，讓空間更具層次感。

02 運用塗料與壁紙打造粉紅女兒房

女兒房的色彩以粉紅色為主調，一般美式風格居家常會以壁紙為壁面主要材質，但設計師卻以粉紅色塗料為壁面主要材質，再點綴同色系花色壁紙及布飾，營造出女兒房的浪漫。

得利電腦調色漆參考色票
Dulux 79RB 76/076

case **41**

白與低彩度用色提升空間質感

文＿virginia　空間設計暨圖片提供＿紘幃室內設計 ‧ 銘象建築師事務所

這是一間位在台中的透天別墅，設計師在作為家人交流用的第二客廳，以新歐式古典風格立下空間基調，採用淺白色調展現高雅但簡單的氣質，簡化後與線板融為一體的白色壁爐元素、雅緻的白色烤漆壁飾、一盞暈黃的立燈，烘托出家人互動場域的親密情境。素白的牆面上方，出現窄細的黑色凹槽線板，收斂的比例勾勒黑邊，在一片白色之中顯得細緻，其實那是設計師隱藏冷氣出風口的設計，將色彩與機能設計合一，無須多就能營造到位的居家氣氛。

素色空間就像畫布，讓人能夠盡情揮灑，時時轉換改變配飾，空間中搭配色彩豐富的藝術品，與低彩度的絲質窗簾傢飾，不見刻意製造的亮點，讓空間透過縝密的色彩計畫，展現個性與品味。

Home Data
台中市／ 100 坪／建材 板、烤漆、木地板

01

得利電腦調色漆參考色票
Dulux 30GY 88/014

02

得利電腦調色漆參考色票
Dulux 80YR 83/026

01 白牆若隱若現的奇幻壁爐

設計師把古典居家中常見的壁爐簡化為幾乎只剩一個白色方框，搭配厚薄不等的層板收納視聽器材或展示用，讓白牆多了趣味變化，也重新詮釋新古典元素。

02 米黃打造更衣梳妝好心情

更衣空間串聯臥房衛浴，採用比白更柔和的米黃，搭配燈光設計，讓空間色調呈現溫馨舒適的氛圍，搭配低彩度的傢具與布簾，讓人自然放鬆了起來。

case **42**
家就是表現個人色彩的畫布

文＿柯霈婕　圖片提供＿幸福生活研究院

01

得利電腦調色漆參考色票
Dulux 64RB 58/179

當古典風格跳脫金碧輝煌以及白色典雅的色調，遇上情感豐富的藝術家屋主，為古典居家重新上色，用高彩度與豐富色彩創造出華麗又帶著夢幻童話的空間表情。

由於經營畫廊的關係，屋主王小姐也從事創作繪畫，加上長期接觸繪畫藝術，培養出獨有的色彩美感，對配色也很有自信跟想法，對於空間用色彷彿拿著調色盤，把家當畫布，以自己喜歡的顏色來上色，甚至在廚房、餐廳等接待友人的公共空間，刻意使用撞色搭配，來加強空間的性格，也做為主人生活風格的代言。

整個家使用多種高彩度的顏色，既繽紛又搶眼，不只讓人過目不忘，更成功繪畫出屋主的個人風采。

Home Data
新北市／ 40 坪／建材 進口磁磚、壁紙、烤漆玻璃、人造皮

01 少女的粉紅表現青春的心

公共空間使用女主人最中意的粉紅色，呈現女主人個性上的柔美與甜美，搭配白色羅馬柱提昇層次感，凸顯粉色彩牆的嬌嫩；特地使用同色系的紫色沙發強調女人味，空間的配色也更加協調。

02 以撞色表現個人特色

招待客人的餐廳刻意以蘋果綠及嫩粉紅的撞色搭配，透過對比表現色彩的衝突，強烈表達個人特色，延伸廚房大紅加草綠的配色，調淡紅與綠的色彩濃度，創造甜美與清新的用餐環境。

得利電腦調色漆參考色票
Dulux 90GY 47/328

02

> style 4
木空間居家風格配色

木素材可説是建築史上元老級的主角,不過,它的魅力可説是歷久彌新,尤其生活日益科技化,人們對於木素材的依賴卻是有增無減,愈來愈多人希望以木素材作為媒介,讓自己從木空間的居家生活中獲得壓力紓解。

色彩運用 Tip

1 深木色搭配**明亮色彩**可讓空間變年輕。 **2** 原木色與灰階色彩搭配出療癒空間感。 **3** 木感空間與暖色系讓空間更加溫。

這股方興未艾的木空間風潮來自於北歐風,北歐大量的森林資源造就出優異的木素材設計,尤其講究環保、自然、簡約的樂活設計在近年席捲全球,引起許多都會人的共鳴,並相繼起而傚尤,紛紛以木感住宅作為風格追求標的,在居家中放入大量木素材。事實上,木空間並未有特定風格語彙,加上木建材種類相當眾多,除了木種不同會造成視覺上差異感,染色以及表面處理的技術也會影響設計風格,因此,木素材可創造出北歐風、日本風、現代風、古典風、南洋風…,應用與發展的可能性相當廣,而如何運用色彩來為木素材塑造出更完美的氛圍也成為一門重要課題。

How to do 木空間不敗配色

藍 + 木色

同樣是木空間,但是經過染深色處理的木皮將溫度感藏起來,只留了木紋的自然印象,此時再搭配冷色調的深藍,則可創造出內斂而具現代感的空間,使空間不像工業建材那般冰冷。

黃 + 綠

想要在原木空間中醞釀出具包覆感的溫馨空間,可以挑選具有前進色感的暖黃作為主要牆色,讓空間更具有安全感,另外,若再搭配中性的綠色則具有緩和並鎮定空間的效果。

橄欖綠 + 木色

帶著灰調的橄欖綠是木空間的安全配色,幾乎任何色調的木空間都可與之契合,這二種有如魚水相融般的自然元素可透過明度與彩度的調整來做搭配。

得利電腦調色漆參考色票
Dulux 70YY 59/140

圖片提供__原木工坊

case **43**

倚著土耳其藍牆，
坐看一室澄靜的風景

文__鄭雅分　空間設計__天境設計

得利電腦調色漆參考色票
Dulux 308G 56/045

得利電腦調色漆參考色票
Dulux 50BG 30/384

01 一張單椅，決定了土耳其藍的空間主色

牆面與傢具色彩互動常是空間精神的創造者，
以土耳其藍色單椅為主，讓空間產生連動效應，
其它物件則以無彩色的黑或灰為原則，避免視
覺雜亂。

02 灰牆讓臥室快速達到安定與沉澱的效果

為了讓主臥室有安定、沉澱心緒的效果，設計師選擇灰色牆面作為空間主色，並以芥末黃床架搭配色澤較深沉的櫃體，讓空間彩度與亮度有了更協調的安排。

03 灰牆白頂搭配，有拉升屋高的效果

孩房牆面色彩以灰色立面與白色天花板做搭配，營造空間沉穩氣氛，白色天花板同時有拉升屋高效果，加上暖色系的燈光更顯溫馨。

得利電腦調色漆參考色票
Dulux 10GG 62/026

得利電腦調色漆參考色票
Dulux 50GY 55/066

　　利用樓中樓的格局優勢，先將公共起居區與私密房間區分別配置於不同樓層，使一樓格局可以呈現更開放的規劃，而二樓的隱私性也更佳。由於屋主原本偏好古典風格，但又不希望過於傳統的設計，因此，設計師特別將牆櫃上的古典線板簡化為俐落線條，搭配染深再刷白的柚木木皮，營造出有層次的復古色澤，暈染出更內斂而有書卷味的典雅風格，同時讓視覺更能聚焦於空間牆面的色彩上。

　　由玄關一路延伸至客廳的牆色，除了有活潑視覺的效果，也奠定了空間的內斂性格。看似主角的牆色，其實是隨著屋主挑選的土耳其藍色單椅而定案的。以屋主的色彩偏好為主，決定了牆色，再搭配與牆同色的窗簾，將傢具、軟裝與硬體空間透過色彩互動來串聯，使空間更具整體性。

Home Data
台中市／70 坪／建材　檜木染深刷白處理、鐵件、大理石、白膜玻璃、進口塗料、超耐磨地板、拋光石英磚

case **44**

結合五行色彩的療癒空間

文__王玉瑤　圖片提供__青埕設計

得利電腦調色漆參考色票	得利電腦調色漆參考色票	得利電腦調色漆參考色票
Dulux 90YY 48/255	Dulux 20YY 54/342	Dulux 50RB 13/107

01 綠、黃、紫三色的協奏曲
加入灰色降低彩度高的顏色，再以適當比
例做牆面配色安排，三種不同顏色，便能
很自然地共存於一個空間。

01

強調以五行概念食養，同時也將此概念帶入空間設計，利用五行裡的元素：金、木、水、火、土代表的顏色，打造讓人放鬆同時兼具療癒的空間。

空間裡大量運用回收木及鐵件打造層列架與天花板，回收再利用且不做過多裝飾處理，呼應屋主強調原食的有機飲食概念；牆面顏色以黃、綠二色做比例分配，彩度降低的綠及明度較高的黃，二者在視覺上達到平衡與協調，為空間營造出沉穩與輕鬆兼具的二種調性；色彩較為強烈的紫色，做為天花板底色，串聯起天花板上的木素材、回收燈管與鐵件元素，同時讓空間產生收縮效果，進而達到予人釋放壓力的放鬆感。不單純就色彩層面做思考，以建材原色搭配漆料顏色架構出協調的空間樣貌，讓多色不再是令人煩躁的凌亂搭配，而是極具療癒效果的和諧空間。

Home Data
新竹／30坪／建材 鐵件、回收木、回收燈管、綠板岩、香杉、黑板

02

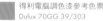
得利電腦調色漆參考色票
Dulux 90YY 48/255

得利電腦調色漆參考色票
Dulux 70GG 39/303

得利電腦調色漆參考色票
Dulux 20YY 54/342

03

02 讓人心情沉澱的綠

降低綠的明度，讓空間顯得較為低調、沉穩，也讓來往過客，可以沒有任何顧慮地走進來，體驗有機養生的飲食概念。

03 讓人心情愉悅的食欲空間

暖色調的黃很適合用在膳食空間，可以讓人擁有好食欲，搭配同屬暖色系的紅色掛畫，心情上就更多了幾分愉悅。

case 45
寒色系的北國森林

文＿摩比　圖片提供＿德力設計

01 藍色與深褐色木皮的時尚張力

灰藍色中略帶點紫的寶藍色，和全室大量採用的深褐色重慶
森林木皮相搭，兩種顏色相互混合與影響，可謂渾然天成。

得利電腦調色漆參考色票
Dulux 90BG 21/302

得利電腦調色漆參考色票
Dulux 30YY 22/059

屋主看了設計師的和平辦公室後，希望援用部分創意與配色落實於自宅中，特別是開放式的廚房設計，這讓原本三房兩廳的配置起了很大的化學變化，設計團隊局部變更讓廚房移位並且讓客廳放大，形成一個開放式的待客與膳食空間。至於，睡房起居室與更衣間三合一空間，則是將舊有的主臥廚房與餐廳整合而成，兩個公領域與私領域間以強化玻璃搭配滑門窗簾區隔，讓空間更具穿透感。

此戶的配色以居大宗的茶褐木皮色，不僅如此，空間中的物件也多以此色系為主，相近色的應用創造出一種和諧感。選用灰藍色作為空間主牆色，再加上主體傢具多以中間色的灰色為主，創造出不同以往的木空間氛圍，也替空間增添一份個性十足的時尚氣息。

Home Data
台北市／30坪／建材 灰鏡、烤漆玻璃、鐵件、半拋石英磚、耐磨木地板、印度黑大理石、重慶森林木皮

02

03

得利電腦調色漆參考色票
Dulux 90YY 35/304

得利電腦調色漆參考色票
Dulux 70BG 28/060

得利電腦調色漆參考色票
Dulux 30YY 22/059

04

02 藍綠與黑創造靜謐的玄關氛圍
運用黑色半拋石英磚具收縮色效果，凝聚一入此宅的低調氛圍，搭配及地藍綠色紗簾，透過光的映射，具有拉高與暈染空間的效果。

03 紫藍相映張力十足
選用果綠色除了幫助睡眠外，更將室外波光粼粼的新店溪引入室內，讓戶外與室內連成一氣。基於睡前閱讀考量選用的手臂式壁燈，讓床頭的果綠色層次更豐富。

04 相近色的配色應用
相近色系的配搭，主要是以單一色相不同色階的配搭為原則，空間中如出現過多材質與物件時，相近色的搭配可以讓空間多一份和諧感。

case **46**

灰藍＋橘黃 個性與溫暖兼容的家

文__鄭雅分 圖片提供__原木工坊

得利電腦調色漆參考色票
Dulux 70YY 59/140

01 藍牆白門使空間輕量化

房間以清爽淡藍色裝飾主要視覺，素雅色彩
除讓人更放鬆，也減輕木作重感，再搭配格
子門則可創造簡約歐式風格。

02

得利電腦調色漆參考色票
Dulux 70YY 59/140

得利電腦調色漆參考色票
Dulux 35YY 71/474

02 灰藍色牆與黑白影像是都會感的經典印象

在白色舒適的軟沙發與原木傢具的純淨元素下，灰藍色的主牆極易攫獲視覺焦點，再搭配畫作則更有風格。

03 冷調灰藍色讓暖色系畫面更多元

在原木與白磚牆構成的空間中，延續自沙發主牆的灰藍色塊引入不同的視覺，打破原有的暖色系畫面，使視覺更豐富。

屋主為年輕的夫妻，因本身喜歡簡單、自然的空間，所以設計師在規劃空間時，除了考量採用健康、無毒的原木素材來作為設計主軸外，決定利用牆面的色彩搭配與跳色等設計手法來營造出屋主想要的溫暖氛圍。另一方面，以色彩取代裝修的設計可避免過多固定的裝修，好讓屋主未來更方便自己搭配出喜歡的風格。在設計上，因為地面整體先鋪設了松木實木的地板，使空間散發出自然而質樸的色感，因此在客廳側牆先以磚牆漆白來增加空間亮度；至於客廳則以整面灰藍色的沙發主牆來定調出現代都會的空間個性，再搭配橘黃色的電視牆色，以對比的跳色手法來創造出更有層次的空間感，而簡潔俐落的灰藍色牆上也只需簡單掛上喜歡的畫作便可營造出自己喜歡的畫面。

Home Data
新北市新店／25坪／建材 松木實木、紅磚、松木實木地板、百葉窗、玻璃、Dulux 得利乳膠漆

04 藍牆白門使空間輕量化

房間以清爽淡藍色裝飾主要視覺，素雅色彩除讓人更放鬆，也減輕木作重感，再搭配格子門則可創造簡約歐式風格。

03

得利電腦調色漆參考色票
Dulux 70YY 59/140

04

得利電腦調色漆參考色票
Dulux 50BG 74/130

case **47**

適度冷色調
為木空間降溫解悶

文＿鄭雅分　圖片提供＿邑舍設紀

01 深淺相接紫、白牆色，使視覺向上延伸
客廳電視主牆以三分之二的紫色搭配白色營造
出深淺層次，讓視覺有向上延伸的效果，更有
助於釋放深色天花板壓力。

得利電腦調色漆參考色票
Dulux 50RB 34/153

木空間是現代人追求的一種自然樂活模式，此棟透天住宅以柚木皮、柚木地板與木百葉等木素材作為空間的主要材質，希望藉重木質的溫潤與質樸，以及峇里島風的傢具擺設，讓居家生活獲得更休閒的氣息。與眾不同的是，設計師將木材質當做設計原料，經過再設計後讓單純木格柵變為九宮格排列，而木線條則以斜線交錯出的天花板圖騰…等，如此多元的幾何運用，讓原本單純的木建材有了更精采豐富的樣貌。為了提高畫面的活潑性，在設計上也有不少關鍵性的色彩運用，如噴上灰色的格狀拉門、紫色的電視牆，以及房間內不同色的柔美牆色，選擇適合的冷色調色彩來調節空間溫度，確實讓人眼睛為之一亮，也驚訝於木空間也能創造如此靈活而多彩的表情。

Home Data
桃園／ 80 坪／建材　柚木貼皮、超耐磨橡木地板、夾板染色、木作烤漆

得利電腦調色漆參考色票
Dulux 79BG 53/259

得利電腦調色漆參考色票
Dulux 70YY 73/288

得利電腦調色漆參考色票
Dulux 70GY 83/140

02 天藍色與木色展現對比的朝氣感
偏紅木色與天藍色牆面形成朝氣十足的對比感，讓住在其中的孩子更有活力感，而關鍵的白色則讓色彩有緩和感。

03 黃綠牆色暈染出一室鄉村風
黃綠色的牆色整好符合主臥室鄉村風的設計主軸，讓柚木空間與花色藤編沙發都更加出色。

04 半高的水綠牆色安定睡眠空間
透過斜屋頂造型與木樑作出休閒木屋空間，再以紓放的水綠色來搭配木色，營造出平靜安定又高聳的空間感。

case 48
原木＋綠 展演英式懷舊風

文__王玉瑤　圖片提供__齊舍設計

01 綠牆化解沉重的單調表情

只有單純的深咖啡色與白色容易讓空間顯得單調，適時
加入一道綠牆，空間瞬間變得活潑，適當的牆面比例也
不失空間的穩重感。

得利電腦調色漆參考色票
Dulux 30GY 51/294

02

得利電腦調色漆參考色票
Dulux 90YR 10/244

03

得利電腦調色漆參考色票
Dulux 30YY 79/070

「醫院或者診所過白的空間總讓人感到太過冰冷？」想擺脫一般醫院、診所的既定印象，同時融合英式懷舊風，是屋主賦予本案設計師的任務。

打破一般以白為主，設計師改以大量深色的木為整體空間鋪陳，白牆則是為了襯托原木顏色營造出屋主熱愛的英式懷舊氛圍，但考量到過深的木色容易讓空間變得過於沉重，因此部份牆面則以綠色做表現，掺入灰色的綠讓色彩變得沉穩而不浮躁，同時呼應英式風格的穩重感，並揉進一點具有療癒、放鬆的自然氣息。

在歐洲居家空間裡常見到的壁爐，也被移植到本案，利用文化石砌成壁爐，再放上一些薪柴，雖然只是點綴功用，卻讓空間風格與氛圍更到位，也讓牆面除了色彩變化外，增添另一種視覺層次感受。

Home Data
新竹／建材 木皮、方塊地毯、文化石、超耐磨

02 功能、風格兼具的美型收納
以原木打造大型開放式收納櫃，方便存放大量文件之餘，也將實際收納功能與整體懷舊風格做連結。

03 迎接回家的溫馨光線
入口處的大片格窗及懷舊壁燈，打造出典型的歐式居家樣貌，而壁燈散發的溫暖黃色光線，則呼應室內空間的懷舊氛圍。

04 綠加白營造出清爽的清新感
有別於主空間的沉穩大器，讓人放鬆解放的空間則以綠白二色做搭配，呈現另一種簡單又不失精緻的清新感。

04

得利電腦調色漆參考色票
Dulux 10GY 29/158

case **49**

活潑橘色力，
如一抹陽光般流瀉入室內

文＿鄭雅分　圖片提供＿天境設計

01 橘白色牆融入木質空間，又提升陽光感

以粉橘色為底，穿插白色色塊的牆面設計作為
客、餐廳的主要跳色，一來延伸原木質感的暖
度，同時也增加光感，讓人有如沐春風的感受。

	得利電腦調色漆參考色票
	Dulux 37YY 78/312
	得利電腦調色漆參考色票
	Dulux 30BG 72/103

02

得利電腦調色漆參考色票
Dulux 37YY 78/312

02 關鍵橘、白柱面色彩，打破木空間的沉悶

以血鸚鵡討喜的鮮橘色彩轉換為設計元素，使其變為餐廳區的主牆，同時將主牆色彩延伸轉彎包覆柱體，巧妙打破玄關一入門大量木空間的沉悶視覺。

03 藍白跳色牆面營造男孩房的青春活力

牆面是空間設計最容易運用的色彩設計元素，牆面安排了藍、靛、灰、白色彩，突顯空間主人的青春活力，讓空間一如海洋藍天般爽颯。

04 橘白色牆轉移注意力，讓人忽略門片與櫃體感

以橘、白色烤漆方式設計，使其成為餐廳的裝飾牆，藉著活潑的色彩牆來轉移注意力，讓原本門片與櫃體在視覺上被徹底虛化。

03

得利電腦調色漆參考色票
Dulux 50BG 12/219

得利電腦調色漆參考色票
Dulux 46BG 63/190

為了體現出屋主所期待的休閒空間感，在規劃上除了大量採用以榆木的原色調作為空間底色，並在玄關處優先配置了屋主最重視的魚缸設計，同時以橘紅色的血鸚鵡魚為主題，向室內延伸出顯眼亮麗的橘白跳色的主牆面，創造出充滿了活力與自然氛圍的住宅，使屋主也像悠遊缸中的魚兒一般，得以在穿透、開放的空間中自在地生活。

客廳與餐廳、開放廚房之間捨棄高牆隔間，改以印度黑水沖仿古面的石材電視櫃取代，不僅增加視覺穿透感，也可映襯出廚房側邊搶眼的橘白相間色彩牆，使得公共空間更為活潑、溫馨。

另外，在私密的臥房部分則以灰色與藍白色的牆色運用來彰顯出空間主人的個性，不僅可讓充滿原木氣息的住宅更具靈氣，也更能增加空間的現代感。

04

得利電腦調色漆參考色票
Dulux 37YY 78/312

Home Data
台中／ 83 坪／建材 榆木、鐵件、印度黑水沖仿古面石材、石材、茶色玻璃、灰色玻璃、得利塗料、裱布、超耐磨地板、拋光石英磚

case 50
流動於極簡木空間中的荳蔻紫

文__鄭雅分　圖片提供__邑舍設紀

得利電腦調色漆參考色票
Dulux 90RB 08/113

01 濃郁牆色襯托出鮮色傢具的活潑感
以白色天花板與盤多魔地板的微反光特質，調節荳蔻紫牆的深沉感，再運用牆色來襯托亮眼的沙發與餐椅色彩。

王先生因喜歡極簡風格,希望住家能展現無生活感的簡約,因此,在公共空間盡量採平面或弧形牆面設計,除了必要的沙發與餐桌,幾乎空無障物,讓人一進入這空間就有完全解放的情緒。當然這樣的設計還有另一層考量,由於屋主家有一位小公主,無障礙設計也更顯安全。而且在大廳中央還為她設計一座盪鞦韆,讓她回到家也像在遊樂場般可以玩耍;而此一設計還可讓來訪客人自動分區,男生聚集客廳、女士則圍坐在中島餐廳,至於孩子們當然繞著鞦韆玩,相當巧妙。在簡約設計中色彩的重要性更加凸顯,整個配色計畫起源於客廳沙發,喜歡鮮豔色彩的屋主選擇了亮黃色沙發,並以此發展出豆蔻紫的牆面,再轉進芥茉綠的餐椅與廚房配色,使空間色彩如旋律般地流動。

Home Data
台北市／40坪／建材 盤多磨壁板、黑板漆、木作貼皮、銀狐石材、烤漆玻璃、明鏡、Dulex 得利塗料

02 餐廚區穿插芥末綠增加空間生命力
除了運用明鏡來反射空間亮度與景深外,芥末綠色的餐椅與廚房末端同色的柱牆則增加空間生命力與活潑感。

03 荳蔻紫與亮黃讓空間兼具沉靜與活力
以屋主喜歡的亮黃沙發為主色,決定了荳蔻紫的牆面色彩,再搭配木感電視主牆,營造沉靜與活力兼備的生活空間

得利電腦調色漆參考色票
Dulux 70YY 63/326

02

得利電腦調色漆參考色票
Dulux 90RB 08/113

03

case 51
顏色魔法，讓每個空間有自己的生命

文__鄭雅分　圖片提供__絕享設計

01 暖色系紅、黃雙牆與木感櫥櫃，開胃絕配！
將兩道牆面漆上適合餐廳的開胃紅、黃色，營造出有層
次的暖色系空間，廚房柚木櫥櫃與灰色牆成為緩衝色，
讓大膽的色彩獲得更穩定效果。

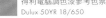

得利電腦調色漆參考色票
Dulux 35YY 71/474

得利電腦調色漆參考色票
Dulux 50YR 18/650

雖然房子屋高有四米，但擔心將所有空間做滿夾層後會導致壓迫感，所以在二樓僅規劃二間房間與淋浴間、工作陽台，但也因此讓僅有12坪的一樓空間裡，要置入樓梯間、公用浴廁、客廳、餐廳、廚房，為了達成這艱難任務，設計師將每個空間的通道交錯相疊，以減少獨立通道的空間浪費。

屋主本身從事設計工作的訓練，除了對牆的斜角角度，或者隔屏高度微調均更為敏感外，也願意在室內運用多樣色彩或材質表現，給每個空間不同主題，設計師先以廚房延伸至餐廳的柚木牆櫃作為室內主要視覺的基調，利用與戶外採光與園藝的呼應，產生休閒氛圍。其次，再搭配多元的色彩牆面或畫作、飾品規劃，使空間更有層次感，搭配屋主的小收藏與家飾擺設，創造出別具童趣與活力的小家庭生活。

Home Data
台北市／ 1F ／ 12 坪＋ 2F ／ 9 坪／建材 噴漆、亮面及毛絲面不銹鋼板、雪白銀狐、 印度黑大理石、灰玻、黑鏡、強化清玻璃、柚木皮、超耐磨木地板

得利電腦調色漆參考色票
Dulux 27YY 68/470

得利電腦調色漆參考色票
Dulux 70BG 10/214

02 鉻黃牆面與燈光點綴，施點空間色彩魔法

利用洗石子牆面施點色彩魔法，創造繽紛溫暖的空間感，搭配屋主隨性掛上的海報、畫作，以及點點投射的燈光，就能讓餐廳主牆展現魅力。

03 灰、綠色塊串接，繪出寬闊的明亮背景

以玻璃隔間設計，讓上下樓層的壁面以灰、綠色塊串接，展現出一樓深灰色的聚焦效果，及二樓孩房內淺綠色的對比感，更能顯現視覺上端的寬闊感。

04 斜向牆線與灰牆搭配，展現一點透視的錯覺

入門處左側運用灰色牆面聚焦，且因右側電視牆為斜向設計，搭配灰色的牆面營造出一點透視的延伸效果，巧妙讓室內彷彿被拉長一般。

得利電腦調色漆參考色票
Dulux 70BG 10/214

case 52
明亮色感為木空間增加元氣感

文＿鄭雅分　圖片提供＿邑舍設紀

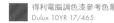
得利電腦調色漆參考色票
Dulux 10YR 17/465

01

02

03

得利電腦調色漆參考色票
Dulux 74BG 61/206

得利電腦調色漆參考色票
Dulux 00NN 13/000

　　充滿自然力的鋼刷面木皮是許多都會住宅的最愛，企盼藉立體的木紋讓居住水泥叢林中的人更真實地感受自然能量。屋主當初便是相中這片鋼刷面梧桐木皮，希望在家中大量運用木皮，為此，設計師透過整合將牆面、櫥櫃、地坪及吧檯的包樑設計均藉重木元素，為居家醞釀出舒壓的樂活印象。不過，為了避免過多木皮色彩導致空間平板化，先在玄關與廚房處以夾紗玻璃區隔，讓空間有隔離感卻不失光影穿透；另外，在牆面也以黑鏡鋪底，搭配木層板作展示櫃，藉著異材質的色彩成功增加空間立體。由於室內空間狹小，為放大格局並增加機能，除了拆除廚房隔間牆改設吧檯來取代餐桌，並可增加景深。此外，房間則以分別以洋紅與藍色來搭配木色，營造出元氣的空間感。

Home Data
台北市／ 21.5坪／建材　鋼刷梧桐木皮、超耐磨木地板、黑鏡、夾紗玻璃、Dulex 得利塗料

01 天藍牆色放寬空間感，有助紓減工作壓力
兒子房內工作區漆上具後退感的天藍色牆面，可讓空間有放寬感，同時在工作歇息時可快速提供減壓效果。

02 熱情洋紅牆色活化木空間
主臥房地壁面均施以木皮材質，為避免視覺疲乏，牆面選擇活力四射的洋紅色，適度地描繪出女主人熱情個性。

03 牆面跳色與立體格局破除木皮的平面感
鋼刷木皮因有明顯紋路與凹凸觸感而更顯自然感，但大量運用卻易讓空間平面化，此時可利用牆面跳色設計或者立體格局來破解。

case 53
森林色彩打造療癒空間

文＿鄭雅分　圖片提供＿木耳藝術設計

屋主因喜歡森林系風格，因此，一開始就鎖定以實木建材與色彩作為空間設計特色。而為了回應屋主的風格需求，特別選定在半開放的餐廳內，利用森綠色牆面與實木條來設計出一大片的樹狀造型牆，可作為書架或展示用，也方便讓此空間轉換為閱讀或喝咖啡的多功能區。另外，在客廳主牆設計則以灰色幾何斜切牆面來打破傳統規矩方正的畫面，透過色彩與造型讓空間更顯活潑感。

Home Data
新竹／36坪／建材　實木、Dulux 得利乳膠漆

01

得利電腦調色漆參考色票
Dulux 10GG 26/046

得利電腦調色漆參考色票
Dulux 90YY 63/044

01 灰牆與光帶營造現代感
客廳除穿插屋主喜愛的森綠色，在沙發主牆與側牆則以灰色幾何牆，搭配斜切面的光帶來調整空間亮度。

02 樹狀書架引入森林藝境
選用濃郁的森綠色底牆，搭配圖騰化樹狀層架，讓原本單調的牆面創造出擬真的森林藝趣，達到完全紓壓效果。

得利電腦調色漆參考色票
Dulux 70YY 50/383

02

case **54**

暖黃讓原色素材也溫潤

文＿鄭雅分　圖片提供＿禾秝空間設計

01 銘黃色牆搭配暖色黃光，醞釀復古感

紋理深刻明顯的梧桐風化木搭配鮮明的銘黃牆色與溫暖
燈光，巧妙營造懷舊氛圍，呈現屋主喜歡的自然復古感。

得利電腦調色漆參考色票
Dulux 39YY 66/628

因為坪數較小，在格局上盡量以視覺穿透為設計原則，從客廳半高電視櫃體可穿視書房，另一方面與廚房間也利用門片與壁面開窗手法來增加穿透感。為了滿足屋主希望空間具有個性，且能呈現素材原始自然風貌的要求，櫃體採用大量梧桐風化木設計，深淺不一的木紋色澤與觸感則營造出更樸質、自然的視覺。另一方面，以銘黃色作為空間主牆色，清亮的色彩與梧桐風化木的色澤有加乘的視覺效果，讓空間呈現自然仿古感，加上與燈光色溫搭配得宜，讓異材質的建材能透過同樣彩度的溫暖色系來整合，暈染出懷舊復古的和諧美感。

此外，考量屋主有收藏復古品嗜好，以具工業風格的燈具、時鐘等傢具，營造懷舊氛圍。而面運用色彩與木素材相輔相成，再以燈光型塑，豐富空間層次。

Home Data
台北／18坪／建材　杉木、風化梧桐木、科定木皮板

02

得利電腦調色漆參考色票
Dulux 39YY 66/628

02 色彩與牆櫃設計，創造美麗端景

以明亮的銘黃色牆加強空間穩定性，搭配嵌入式的黑底展示櫃設計，無中生有地創造餐廳端景，也讓人更想窩在這小小角落。

03 色彩模糊櫃體量感，減輕空間壓力

與梧桐風化木彩度接近的銘黃色主牆，既讓櫃體融入牆面而減少壓迫感，也延伸發展出粉綠色沙發傢具，不同材質的物件卻因色彩的呼應而能相互映襯。

03

得利電腦調色漆參考色票
Dulux 39YY 66/628

case 55
英式話亭點亮歐洲色彩

文＿鄭雅分　圖片提供＿木耳藝術設計

01 粉紅格架化平牆為立體
穿過木門拱進入客廳，在延續玄關的墨綠色
牆上不對稱地設置粉紅色展示架，使畫面更
立體而有設計感。

得利電腦調色漆參考色票
Dulux 90YY 21/371

得利電腦調色漆參考色票
Dulux 16YR 18/587

02

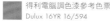

得利電腦調色漆參考色票
Dulux 45YY 67/662

得利電腦調色漆參考色票
Dulux 16YR 16/594

03

得利電腦調色漆參考色票
Dulux 10BB 15/154

由於太太從小住在倫敦，在台灣生活時常懷念當地景物，因此，在新居設計上便以英國最著名紅色電話亭為空間主題，巧妙地將走道上的房間門設計為英國街景中常見的電話亭紅門，強烈的色彩感也進而影響整體空間配色。無論是從入門直接串聯到客廳的墨綠色牆，或是向大門左側延伸的土黃色牆面，都採取高彩度色調，加深了歐洲鮮明色彩的印象。夫妻倆有默契，公共空間由太太的記憶發想設計元素，私密主臥室則是鎖定先生熱衷的天文工作與嗜好。在開放格局中以一道刻有九大行星的銀河隔間牆作界定，區隔開睡眠區與書桌、更衣間等區，整個臥室模擬夜空色調，選擇了個性化的藍黑色調，不僅製造出更多設計話題，也讓居家空間完全展現出屋主個人的獨有風格。

Home Data
新竹／26坪／建材 實木、Dulux 得利乳膠漆

02 暖烘烘的英國色彩居家

將臥室門改以英國紅色電話亭的玻璃格子門，並搭配同彩度的黃色牆來增加空間暖度，讓室內充滿歐洲色彩。

03 藍黑隔間牆如夜空神秘

主臥室內將天文行星的畫面呈現於藍黑隔間牆上，搭配淺灰色牆創造獨特美感，訴說出專屬於主人的星空故事。

04 墨綠色散發莊重沉穩感

墨綠色的牆面與實木裝修堪稱最佳絕配，尤其搭配明顯木紋的櫃體建材，讓空間印象鮮明卻不失莊重沉穩。

04

得利電腦調色漆參考色票
Dulux 90YY 21/371

> style 5
現代風居家風格配色

現代風普遍以機能為前提，追求簡約的通用設計
(universal design) 精神，適用於最大化的使用族群，
材質選用則隨著科技進步呈現多樣化且不受限。

色彩運用 Tip

1 從空間使用的建材中**直接抽取主色**。**2** 利用無色彩的**黑灰白**作為輔助色。**3** 以最具都會療癒特質的**靛藍**下手。

現代風原則上具備可長久使用、具經濟性、品質優良且美觀、對人體及環境無害等等特性。在風格上大部分呈現簡潔的線條與冷調的材質。現代風的色彩，則多以符合當代都會精神的寒色系與無色彩為主軸，其他多元繽紛的色彩配搭也是設計師的最愛，諸如令人暈眩神迷的桃紅色、個性十足的紫藍色、安定靜謐的湖水藍、飽滿而中性的巧克力色等。現代風空間的用色原則，著重在色彩與空間之間的緊密關係，期待讓其適切地發揮它的機能，更有效調和材料與材料之間的色澤質地外，對於色彩與人的情緒之間的主從關係，亦是現代風空間所關注的主題之一。

How to do   現代風不敗配色

靛藍＋灰

靛藍色屬於寒色系，偏黑的藍給人沉穩的感覺，偏白的藍則給人冰涼的感受，與無彩色的灰、白、黑等色組合，都十分地和諧且突顯出靛藍的張力。

桃紅＋黑

桃紅屬於暖色系，給人溫暖柔和的感覺，不論是偏橘的桃紅或是偏黃的桃紅，都給人一種幸福感。桃紅與白色相搭則顯清爽而年輕，桃紅與黑色相搭則顯時尚。

紫＋湖水藍

紫是帶紅的藍，湖水藍是偏白與綠的藍，兩色介於寒色系與暖色系間，混合相搭可創造出宛如潛入海洋般的心曠神怡，同時也帶著一點奇幻的神祕感。和白相搭顯得明亮，和黑相搭則顯得神祕。

得利電腦調色漆參考色票
Dulux 90BG 21/302

圖片提供__德力設計

case 56
用色彩創造時空跳躍的漣漪

文__ virginia　空間設計暨圖片提供__城市室內設計裝修

01 綠與碎花構築的魔幻祕境

位於過去漣漪層的包廂，以過往情境組構出
復古情調，牆面大面積鋪陳帶灰的綠，和黃
橘色系的碎花壁紙、書牆壁紙營造懷舊又虛
實交錯的情境。

得利電腦調色漆參考色票
Dulux 30GY 61/245

　　美髮沙龍，一定是大片落地玻璃，讓自己做頭髮護理、造型的過程，就攤在窗外熙攘往來的路人的目光中嗎？這個佔地四層樓的美髮沙龍，反而將這個變美的過程，塑造成一個獨特而未知的旅程，並以時空漣漪的概念貫串，將沙龍設計成一個一個的空間，各自賦予不同主題，同時藉由色彩規劃，讓顧客獲得既紓壓又私密個人化的尊寵體驗。

　　身為串接各個漣漪樓層的過道空間，設計師將它規劃成黑白交織的時尚廊道，創造空間轉換過程中，進入一個新空間的神秘感，在過道轉折處突然大片豔紅映入眼簾，紅與黑的對比刺激視覺，讓人眼睛為之一亮，心生進入沙龍的無限期待。

Home Data
台北市／146 坪／建材　石材、壁紙、玻璃、油漆、木地板、磁磚

02

得利電腦調色漆參考色票
Dulux 00NN 05/000

03

得利電腦調色漆參考色票
Dulux 00NN 05/000

02 黑白形構的純淨體驗
位於當代漣漪層的包廂，設計師從水、陽光、空氣等生命必需物質發想，黑色地坪製造出宛如漣漪的圖案，對應塗黑的天花板，白色立面打上燈光，有著生命誕生的純粹感，單純的運用黑白兩色，就能營造出空間的層次。

03 灰黑紅引導對未知的想像
未來漣漪層以 Qr Code、數碼世界發展，在不同層次的黑、灰之中，展現無彩度的細緻變化，空間中點綴著過道若影若現的紅牆，在節制用色中又能綻放驚喜亮點。

04 黑白打底以紅點亮時尚感
過道空間是情境與空間轉換的通道，加入燈光設計，讓空間中的黑呈現不同的質地，在途中轉折處以豔紅煥發神采，製造進入下一個空間的期待感。

得利電腦調色漆參考色票
Dulux 19YR 14/629

04

case 57
黑紫藍的神祕對話

文＿摩比　圖片提供＿德力設計

01 藍紫以及黑白間的對話

電視櫃大膽選用黑色花磚，而屬於客廳公領域中面窗的
壁面，選擇了湖水藍作為主色，搭配薄紫的沙發配色，
有一股女主人期待的低調奢華感。雖說地板的生冷的半
拋石英磚佔去很大的面積，可用地毯修飾之。

得利電腦調色漆參考色票
Dulux 70BG 32/238

設計團隊依照頂客族的屋主生活需求加以重新配置，局部變更微調次臥與書房的空間收納與動線，讓空間使用更趨合理，同時以強化玻璃區隔書房與客廳，讓光線更通透。

色彩是本宅最引人之處，男主人選擇了理性的藍色，浪漫的女主人選擇了紫色，兩者介於寒色系與暖色系，可謂相近色系，因此是可以相容的選項。

在諸多無法變更的前提下，設計團隊決定以壁面色（黑與紫與藍三色系），搭配大面積的地面色（白色），輔以帶灰的重慶森林木皮色相搭，為了讓空間更寬闊同時更呼應現代簡約風，援用了鏡面材質的茶鏡，化解廚房小吧檯上櫃的壓迫感，既有效增加了廚房收納，同時也維持了餐廚合一的穿透感。

Home Data
台北市／30 坪／建材　灰鏡、烤漆玻璃、鐵件、半拋石英磚、耐磨木地板、印度黑大理石、重慶森林木皮

02

得利電腦調色漆參考色票
Dulux 50BG 41/312

得利電腦調色漆參考色票
Dulux 10RB 19/262

03

02 藍與黑的廚房

廚房援用一部分公領域配色，也就是客廳的藍色，這裡也是男主人最愛的空間之一。藍色讓人聯想到海洋，令人感到心曠神怡。

03 女主人最愛的紫暈天堂

浪漫的主人喜歡紫色的張力，溫暖而備受寵愛。床頭大面積選用了貴氣十足的紫色作為主色，混搭著棕色木皮渾然天成，家飾品選用金色與黑色都是不錯的選擇。

case **58**

霧鄉灰 蘊染出詩香人文靜域

文__鄭雅分　圖片提供__尚藝設計

01 墨色石材與霧鄉灰牆呼應串聯

餐廳與中島左側巧妙地以霧鄉灰牆色來呼應潑墨山水大理
石的壁爐，讓空間與裝飾主體串聯圍塑出和諧寧靜之美。

得利電腦調色漆參考色票
Dulux 30GG 52/011

擁有沉靜書香氣息的單身女屋主讓設計師獲得靈感啟發，並將之轉化為空間設計特質，藉由方正灑脫的格局及自然材質的搭配，讓豪宅增添一份人文美感與內斂層次。整個室內先運用色調區分出裡外，在客、餐廳與布幔圍塑的書房中漆上霧鄉灰牆作為空間底色，再搭配鐵件與原木的沉穩質感來勾勒出俐落線條。同時在書房、客廳與餐廳的中軸線上，挑選一塊具大自然色澤與肌理的石材來坐鎮於此，不僅點出空間的核心價值，流動如潑墨山水畫的石材紋路被切割以完美比例的長方框型呈現，肩負了景觀、壁爐及空間界定等多重功能，與柔軟的布幔互動更顯出新穎視覺。進入私密主臥房則採取自然的大地色調，少即是多的建材搭配概念，讓畫面展現去蕪存菁的雅緻與寧謐。

Home Data
台北市／76坪／建材　鍍鈦鐵件、潑墨山水大理石、冰晶白玉大理石、義大利鏽銅磚、海島型木地板、夾砂玻璃、長虹玻璃、灰鏡、鋼刷木皮、繃布

02

得利電腦調色漆參考色票
Dulux 30BG 31/022

得利電腦調色漆參考色票
Dulux 90BG 10/067

03

得利電腦調色漆參考色票
Dulux 10GG 72/022

02 霧鄉灰牆色鋪陳出簡鍊、安定感

以霧鄉灰的牆色吸收多餘光線，使視覺更沉殿安靜，刻意壓低的米灰色沙發保持畫面純淨，更突顯出木色的優美。

03 中性霧鄉灰搭配布幔展現感性氣度

在灰階的空間設色中，搭配白色布幔的軟性元素及原木的溫暖色澤，呈現不落俗套的女性特質與新穎的感性氣度。

04 木籐色背牆紓放視覺、創造光影層次

主臥室以色彩為空間加溫，除增加木建材用量，特別以籐色系背牆搭配白色吊燈產生光影層次，更增時尚俐落感。

04

得利電腦調色漆參考色票
Dulux 70YY 26/137

case 59

大膽玩色，創造空間的活力

文__柯霈婕　圖片提供__十一日晴設計

得利電腦調色漆參考色票
Dulux 70BG 24/380

01 同色彩可使空間更完整

公共區域以同一色彩做連貫，讓沒有實牆的空間
更完整。土耳其藍讓空間具有成熟的韻味，也帶
入異國風情。

得利電腦調色漆參考色票
Dulux 90YY 48/500

02 具有舒緩魔力的綠色房間

濃度稍濃的草綠色讓房間佈滿大自然的氣息，成功把窗外公園的綠意延伸入內，使用飽和度較高的綠色比青草綠更能使空間沉穩，又不失清爽。

03 同色的大樑如同門廊

牆面的土耳其藍延伸向天花的大樑，讓空間色塊更完整，也創造出如同門廊的效果，形成界定區域的天然框架。

04 用色彩做區域性的畫分

靠牆的吧檯面用一道銘黃彩牆，不僅使一旁轉折進入的走道更加深邃立體，區域性也自然界定完成。

05 鵝黃增加房間的舒眠度

鵝黃色空間搭配白色傢具，替整體的柔和度加了分，也使睡眠感受更加舒適，使用明度稍低的黃色增加溫暖效果，亦保持色彩的朝氣活力。

這個家是女主人因工作之故，在公司附近的第二間房子，除了可以釋放下班後的壓力，也有補充元氣的功能，因此在空間用色上大膽使用濃郁且高彩度、亮度的色彩，並透過對比色的搭配，創造出強烈的主題性。

客餐廳以女主人的幸運色——藍色為主調，土耳其藍讓空間具有成熟的韻味，也帶入異國風情，搭配搶眼的亮黃色沙發，撞色的用法讓空間活潑起來，亦凸顯傢具的輪廓。

同樣的撞色手法繼續延伸到餐廳主牆，在靠牆的吧檯面用一道銘黃彩牆，不僅使一旁轉折進入的走道更加深邃立體，區域性也自然界定完成。

兩間臥房使用不同的色彩鋪陳，分別以濃度稍濃的草綠色與溫暖的鵝黃，營造獨有的房間表情與氛圍。

得利電腦調色漆參考色票
Dulux 52BG 38/320

得利電腦調色漆參考色票
Dulux 46YY 74/602

得利電腦調色漆參考色票
Dulux 46YY 74/602

Home Data
林口／27 坪／建材 壓克力噴漆、Dulux 得利塗料、壓花玻璃、超耐磨木地板、胡桃木皮

時尚黑桃配色秘笈

文＿摩比　圖片提供＿德力設計

01 灰鏡與桃紅映出薄紫氣味

挑高三米四的空間，因餐廳上方有空調主機，為了保留高挑感，天花板以灰鏡貼覆，餐廳和客廳都選用了最時尚感的「黑桃」配色法，營造出靜謐而低調的奢華況味。

得利電腦調色漆參考色票
Dulux 13RR 72/121

此宅屬客變案，屋主早在兩年前便與設計團隊接洽，讓設計團隊配合建商作業進行客變，以降低後續非必要的裝修。屋主屬單身，衣物量適中，平日工作忙碌不常開伙，通常回家一攤只想好好休息，因而養成假日看 DVD 的舒壓模式，因此他希望家可以像旅店一般簡單好打理而且五臟俱全又舒適。這個期望最後也反應在空間配色上。

本戶另一個特點就是運用大量灰鏡作為空間的折射與緩衝處理，化解非必要的稜稜角角。在這樣的特性上，空間的主色將被擴大映射，因此色彩的渲染力也將更加倍。經過多次溝通，屋主選擇了以黑色（灰鏡）與桃紅色作為空間主色。桃紅色據有一種奇妙的魅力，讓人卸下心房得以放鬆，當桃紅遇到黑，不僅充滿個性更是滿溢時尚況味。

Home Data
新北市／13 坪／建材　明鏡、灰鏡、烤漆玻璃、鐵件、半拋石英磚、海島型木地板 - 煙燻橡木、印度黑大理石、藍碧瓦木皮

02 最 in 的黑桃配色法
屋主個性開朗且喜歡各種新事物，對於黑色與桃紅色的搭配接受度頗高。再者，桃紅色是屬於暖色系，給人溫暖的感覺，屋主喜歡桃紅色給他放鬆的感覺。

得利電腦調色漆參考色票
Dulux 13RR 72/121

03 鏡面材質讓色彩更奔放
因為是小空間，大量利用會反射的鏡面材質，諸如明鏡與灰鏡，也因此讓整體空間的配色張力足足擴大的一倍。

04 光線變化決定色相的濃度
光線決定了單一色相的濃度表現，因此面光與逆光都會造成不同的視覺效果。面光的電視櫃的桃紅色主牆，雖說面積很大，但是因光線作用下顯得清爽而不致於過度濃郁。

得利電腦調色漆參考色票
Dulux 13RR 72/121

得利電腦調色漆參考色票
Dulux 13RR 72/121

case 61
為粗獷的個性空間
注入大自然清新綠意

文__王玉瑤　圖片提供__裏心設計

得利電腦調色漆參考色票
Dulux 10GY 58/105

01 大地色系軟化空間冷硬感受
主牆選用大地色系配合空間原始、自然主題，同時也營造出如同塗料名稱海平面一般，沉穩、靜謐的居家氛圍。

02

得利電腦調色漆參考色票
Dulux 10GY 58/105

得利電腦調色漆參考色票
Dulux 30BG 31/022

屋主二人皆為平面設計工作者，對於居家空間很有自己的想法，隔局與空間的配置，希望以平時生活模式與習慣為主，而非一般制式的房廳規劃。於是設計師大膽拆除所有隔牆，將客廳、工作區、廚房整合於一個空間，原本只有 18 坪大的房子，因此多了一份都市公寓難得的開闊感，也正好讓經常有朋友來訪的屋主有了一個最佳聚會場所。整體空間遵循 Loft 風設計主軸，以簡單、原始不多做裝飾為原則，天花板管線裸露，利用水泥打造流理檯兼吧檯，廚房兼具收納與隔牆的櫃體則是由舊材回收打造而成，以建材原始面貌架構而成的空間，為避免過於冰冷，在客廳主牆選用淺綠色塗料，利用大地色系緩和建材的冷硬，再搭配淺色木地板呼應屋主追求的自然調性，也增添些許居家的溫馨表情。

Home Data
新北市／18 坪／建材 鐵件、水泥、回收木、消防管

03

得利電腦調色漆參考色票
Dulux 50BG 72/006

02 讓顏色為牆面增添表情
對應衛浴空間一室的簡潔、白淨，面積雖小卻仍延續主空間的綠色牆面，巧妙活潑了角落空間表情。

03 兼具收納與隔牆的拼貼創意
來自不同舊材回收組合而成的收納櫃，不做任何加工保留原始素材樣貌，拼貼出獨一無二又極富個性的展示舞臺。

case 62

主從鮮明再現英倫風

文＿摩比　圖片提供＿德力設計

01 天空藍搭配 skygarden 恰恰好

既是餐廳也是書房的場域，設計師選用天空藍作為
電視櫃主色，與戶外的天際線相串連，一旁的大地
駝色採鏡面烤玻處理，其後是一個可以進入的儲物
空間，可存放大型家電用品。

得利電腦調色漆參考色票	得利電腦調色漆參考色票
Dulux 80YR 27/147	Dulux 16BG 24/357

為了同時兼顧空間的寬闊感，此宅中心矗立一座結合書櫃收納櫃、電視牆以及總電源箱的櫃體，取代過往的輕隔間牆，書櫃將書房與餐廳二合一，因應屋主的客制化需求，提高書房的比重，降低餐廳的機能，以書櫃取代一般的餐具櫃。習慣英式生活模式的屋主，廚房則以∟型系統廚具，輔以吧檯與吊燈，創造一個靜謐又兼顧機能的複合廚房空間。此宅大量運用回字動線設計，不論是中島廚房或書櫃設計，讓屋主不論從兒童房、主臥，或是從廚房進入這個結合餐廳與書房的空間都便利。在這個基礎上，整體空間配色，也以引導身心安頓的天空藍與草地綠為主色，同時輔以大地色系修飾櫃體木色。留學倫敦的屋主，利用紅藍白相間的英倫風傢具與飾品，妝點出倆人回憶中的甜蜜時光。

Home Data
台北市／28坪／建材 明鏡、灰鏡、烤漆玻璃、黑色木紋磚、海島型木地板-煙燻橡木、印度黑大理石、曼特寧.胡桃山形木皮

02

得利電腦調色漆參考色票
Dulux 70YY 63/326

02 從廚房蔓延到過道空間的草地綠

廚房火氣旺，設計團隊運用綠色作為空間主色，並且一路蔓延到睡房的過道空間，此舉有效拉大空間縱深，讓視覺得以延伸，間接地感受寬闊的開放空間設計。

03 kelly hoppen 最愛的指甲色

留學英國的屋主深受英倫生活美學所影響，主臥壁色特選用大地駝色，烘托出一室雅緻的英倫氛圍。大地駝色屬三次色，可說是歐陸設計師愛用的配色選項。

04 藍綠合作再現英倫風

本宅以書為家的核心設計，書櫃區隔公私領域。面向戶外陽台的書房（餐廳），光線可自由灑入室內，這裡光線充沛正是安排空間主色的好所在。設計選用天空藍讓這個閱讀空間更開闊。

03

得利電腦調色漆參考色票
Dulux 10YR 55/037

04

得利電腦調色漆參考色票
Dulux 30BG 44/248

case 63

以素材原色打造無壓休閒宅

文＿王玉瑤　圖片提供＿上景設計

01 灰色素牆打造極簡空間

以水泥的原始灰色打造空間簡潔線條，略顯冷調的空間感，則輔以藤編傢具傢飾，即可提昇居家空間的溫度。

得利電腦調色漆參考色票
Dulux 90BG 55/051

02

得利電腦調色漆參考色票
Dulux 70BB 21/147

03

得利電腦調色漆參考色票
Dulux 90BB 31/208

得利電腦調色漆參考色票
Dulux 00NN 05/000

得利電腦調色漆參考色票
Dulux 90BG 55/051

　　不想在偏遠地區另買度假別墅，又希望可以在擁擠的都市有一處可放鬆的空間，因此屋主選擇距離市中心不遠的汐止，將一棟數十年的透天別墅做翻修，重新為一家人打造專屬的休閒宅。不喜歡都市公寓的封閉感受，因此在空間的運用特別強調開闊感，客廳、餐廳不做區隔，只簡單以電視分界，兩個空間可獨立也可做串聯，使用相當彈性。顏色以精簡用色為原則，天、地、壁以水泥的灰與白做鋪陳，只以芋頭色主牆增添空間層次。借用建材原色達到降低用色目的，改以傢具傢飾化解用色過少的單調，材質選用藤編、原木延續度假元素，活用織品多樣的花色與鮮豔色彩做跳色，讓空間有慵懶的度假氛圍外，同時也顯得活潑有朝氣。

Home Data
新北市／ 120 坪／建材　水泥、原木、鋼刷木皮、抿石子、柚木傢具

02 利用牆色營造寧靜睡眠
臥房主牆選用與地板原木色可達成視覺平衡的芋頭色，營造紓壓的寧靜氣氛，也讓人更好入眠。

03 充滿幻想的浪漫紫
女孩房的天花與壁面皆漆上紫色，空間立刻變得相當夢幻，再搭配白色床帳，讓臥房變得明亮卻又不失浪漫感受。

04 以傢具增添活潑表情
空間降低用色難免太過單調、無趣，利用傢具傢飾適當妝點，讓空間變得活潑，且可隨季節、喜好更換，打造更多不同表情。

04

case **64**

對比色協奏演出
溫暖而寂靜的冬日戀曲

文__柯霈婕　圖片提供__上陽設計

01 用彩牆讓空間變立體

客廳使用帶有森林色彩的藍綠色，在簡約的現代空間中刻劃焦點，也襯托淺灰沙發與白色茶几，讓簡單線條的傢具更加立體。

得利電腦調色漆參考色票
Dulux 90GG 15/398

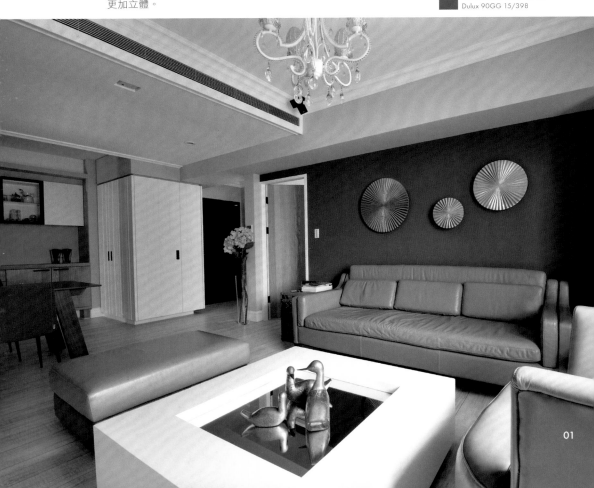

02

得利電腦調色漆參考色票
Dulux 10GG 62/026

02 暖灰凸顯櫃體設計

餐廳側牆刻意在退縮區域以暖灰為背景，一方面凸顯上層白色展示吊櫃，與下層木紋收納櫃，也營造出大氣暮光的深遠層次感。

03 水藍綠創造清新舒適的睡眠品質

小孩房以帶有淡藍的淺綠色來穩定兒童的睡眠情緒，搭配大面落地採光，打造沐浴在陽光森林的睡眠場景。

04 配同色壁紙提昇優雅層次

主臥透過清新淡藍色調來紓解男女主人一天的工作壓力，搭配同色系的花卉壁紙，優雅的空間氛圍不言而喻。

此案以雪白的北歐印象為主題，灰白色木地板如雪覆蓋，低明度的深綠色做為客廳大牆面主要色彩，與臥房、兒童房的柔和淡綠色構成整體色調深淺調和的森林色彩，中間灰的皮革沙發與椅凳如石、茶几如池，以釘釦皮箱、錫鐵器金屬家飾來妝點白雪靄靄的蒼翠森林。餐廳以色調暖和、材質溫潤的木紋為主調，側牆使用明亮而且極低調彩度的暖灰中間色，塗抹出大氣暮光一般的迷濛色彩。隨後在點亮紅銅色玻璃吊燈的同時，凝結夕陽般日落餘暉映照在原木色調的餐廳區域，火爐般的暖色溫於室內的中心點散發，讓淺灰、銀白的地板平面也渲染了溫暖色彩。

Home Data

台北市／38坪／建材　玻璃、錫鐵、鋼刷木皮、皮革、絲質布料、木地板、全熱交換機

03

得利電腦調色漆參考色票
Dulux 30GG 75/095

04

得利電腦調色漆參考色票
Dulux 10BG 46/112

case 65
安定心神的湖水藍

文__摩比　圖片提供__德力設計

01 大地色的膳食空間

屬於三次色的大地駝色相當適合調和餐廳周邊的建材本色，讓
不同的材料得以中和，達到和諧的最佳化狀態，這個充滿靜謐
氛圍的膳食空間，同時也是屋主與教友們共同祈禱的所在。

得利電腦調色漆參考色票
Dulux 10GG 53/030

01

　　屋主提出三大要求，第一收納要充足，第二希望擁有一張給教友相聚的大型長條餐桌，以利禱告使用，第三一處可以閱讀以及遠眺戶外的風景。

　　首先，挪移貫穿上下空間的靈魂「樓梯」，並且加以縮短與全室繽紛的配色呼應，藉此讓整個空間更趨合理與開闊。重新配置變更後，一樓樓層屬於公領域，待客、洗衣、曬衣、烹調全在這完成，二樓樓層則是私領域為主，以及一處利用過道空間設計的一個可以遠眺的開放式書房空間。因為屋主行事俐落，有條不紊，個人風格鮮明，這點誘發了設計團隊的配色創意，決以療癒的藍綠色為基底，以灰藍調和，呈現出中性的氛圍，藉此呼應男女主人追求身心平和的特質，並且利用客廳沙發與花藝陳設局部跳色，讓整個空間多一道視覺焦點與喜樂的心情。

Home Data
新北市／41坪／建材 灰鏡、烤漆玻璃、鐵件、版岩石英磚、黑檀木、古典胡桃木、巴西金檀木地板、波斯灰大理石、印度黑大理石、鐵木實木

得利電腦調色漆參考色票
Dulux 30GY 61/245

02 舒眠的最佳選擇就是綠色
綠色從床頭一路延伸到雙面櫃後方梳妝檯。在壁燈照射下，綠色床頭板變化出不同的層次，具有療癒與舒眠的效果，相當適合推薦給重視睡眠品質的族群。

03 延伸室外風光從藍綠色下手
選用具療癒特質的藍綠色作為公領域主要壁色，從一樓延伸到二樓，同時輔以灰藍作為眾多建材本色的修飾與統合作用。

04 靜謐和平的書房空間
利用過道空間設計開放式書房及儲物間。從一樓延伸到二樓的藍綠色，配搭和一樓玄關一樣的灰藍色加以調和，黑色地板將這個空間變得靜謐和平。

得利電腦調色漆參考色票
Dulux 17BG 36/333

得利電腦調色漆參考色票
Dulux 18BG 47/282

case 66
運用色彩活化空間情緒

文＿柯霈婕　圖片提供＿豐聚設計

01

02

得利電腦調色漆參考色票
Dulux 90YY 63/044

得利電腦調色漆參考色票
Dulux 14YR 10/434

　　以自然‧禪為意象，設計師將山峰綿延、花草水木設計概念帶入整體空間氛圍。並依據各場域的功能，進行每個空間的設計，此案的色彩計畫，主要在用於地下一樓的視聽室。

　　走入高雅靜謐的視聽室，一間以色彩來強調影音與視覺互動的空間，透過紅色的熱情與黑灰色的沉穩，彼此激盪視聽娛樂的感官火花，又同時詮釋了視聽室的兩種況味──獨自沈澱的影音饗宴與親友歡聚的歡唱氛圍。一般視聽室強調視線集中，以明度低的色彩鋪陳為訴求，此空間則透過色彩活化空間情緒，用代表熱情的紅色帶入相聚時的歡樂感受，同時考量視聽室的角色，選用棗紅色降低紅色彩牆的彩度，維持以往視聽空間需要專注的氛圍定位。

Home Data
台中／200坪／建材　玻璃、鐵件、橡木木皮、雪白碧玉石材、觀音石、印度黑大理石

01 大膽用色，打造主題式視覺饗宴

以淺灰色調和紅牆，降低對比色造成的視覺刺激，並以深鐵灰沙發，穩定紅牆引起的視覺跳躍。在淺灰牆掛上電影海報，讓淺色背景襯托空間主題。

02 銀狐大理石中和紅色彩牆的強度

藉由銀狐大理石的淺灰，中和紅色彩牆的視覺重量，並與淺灰色沙發背牆相互對稱，整體用色不只強調色彩的明度平衡，更注重比例上的協調。

case **67**

明亮的藍白舒適小宅

文__張華承　圖片提供__橙白空間設計

　　全新的電梯大樓套房，坪數有限，且格局頗狹長。最重要的是，單面採光位於後陽台這側短邊，若隔間稍微不慎，屋內很容易就顯得陰暗，進而突顯狹小與不適。設計師僅運用玻璃隔間搭配白色百葉簾，就將這 12 坪分割出靠窗的臥房及朝大門的客餐廳。各區並適時地配置收納櫃，打造出遊刃有餘的生活場域。入口右側的空牆配置走入式鞋間，除可收納愛美女性的豐富鞋量，還可存放旅行箱、吸塵器等大型物品。大門後方的左側牆面，則利用凹入深度規劃出收納櫃，櫃架採用女主人喜愛的純白色，襯著藍色背牆延伸的造型電視牆，構成全屋的焦點。廚房不變動，僅於爐灶對面新增餐櫃及餐桌。可伸縮的檯面滿足了在家招待親友的需求，又兼顧舒適的空間感。

Home Data
新北市／ 12 坪／建材 美耐板、灰玻璃、白橡木皮、清玻璃、百葉簾

01 藍色單椅成空間亮點

這道餐桌可伸入臥房的矮櫃。輕鬆推拉，桌面就可長可短。呼應電視牆的藍，亦選用藍色單椅，讓純白空間多了點色彩。

02 打造清爽感的藍白配

造型電視牆以淺藍背牆來襯托層架的純白，視覺效果更引人。

01

得利電腦調色漆參考色票
Dulux 90BG 55/051

02

得利電腦調色漆參考色票
Dulux 50BG 74/130

case 68

在灰黑白的個性空間，自然感受光的洗禮

文＿陳淑萍　圖片提供＿馥閣設計

01

01 留一點餘白，增添屬於自己的生活味

黑白灰色調、簡約風格，營造出乾淨的空間背景。主臥以玻璃隔間，劃出若有似無的區域分界，搭配透光與不透光的雙層簾，可彈性調節隱私。

02 減低空間負擔的低彩用色

沙發選擇低彩度的中間色系，自然融於整體空間的低彩用色，亦不會增加空間負擔，讓小宅依然感覺開闊。

得利電腦調色漆參考色票
Dulux 00NN 05/000

得利電腦調色漆參考色票
Dulux 50BG 83/009

「希望每天早晨都能被陽光喚醒，感受一種自然的存在。」不喜歡過度浮誇裝飾，而是期望能在舒服、明亮的空間裡自處，從事工業設計的單身屋主魯先生，描繪心中對於居住的夢想藍圖。為了讓小家化身為「光之居所」，設計師將隔牆拆除、重新調整格局，並以透明玻璃作為隔間，主臥瞬間成為引入日光的中介光盒，無論任何一個角落，都能感受光影遞移的變化，空間更具「呼吸感」，無形中放大了視覺尺度。

運用低彩度的黑灰白，以及大片鋼板與 C 型鋼這類帶點粗獷原始美感的材質，烘托出直率的男孩個性。俐落簡約的黑色烤漆鋼板主牆，成為搶眼的視覺焦點。可左右移動的造型牆，背後隱藏了書櫃收納，主牆既是書櫃門片，亦身兼衛浴入口的通道門，三合一的複合機能，同時也多了動態位移的趣味。

Home Data
台北市／9 坪／超耐磨地板、石英磚、磁鐵板＋烤漆

02

得利電腦調色漆參考色票
Dulux 90YR 83/026

case **69**

家的舒心魔力，
來自紫色幻化的柔軟與浪漫

文＿柯需婕　圖片提供＿養樂多木艮

01

得利電腦調色漆參考色票
Dulux 20YY 60/104

得利電腦調色漆參考色票
Dulux 02RB 53/171

全面性的紫色粉刷一般人可能無法想像，但屋主洪小姐一家人卻非常喜歡紫色，用自己喜歡的顏色打造自己的家，創造能讓自己安心的空間氛圍，是居家用色的真諦，加上一樓有挑高的先天優勢，即便整個立面全刷上紫色，也不覺壓迫。

一樓公共空間的色彩計畫，使用彩度低的粉嫩紫做為立面主色，營造舒心放鬆的情緒感受，與白色天花的配色添加了典雅氣質，再以柚木本色點綴拉出層次感。二、三樓的臥室，則依據房間主人性格刷上符合個性的色彩，母親房以粉紅色呈現女人的小鳥依人；擁有溫暖特質的姊姊，以奶茶色為主；妹妹很有自我主張，因此桃紅色加上 BlingBling 的裝飾，再搭上單純的原木色最能詮釋她。

Home Data
新北市新莊／ 48 坪／建材 矽酸鈣板、木芯板、柚木地板、鐵件、南方松、Dulux 得利乳膠漆

01 奶茶色搭上粉色元件亦是充滿女人味
奶茶色空間有令人安心的魔力，搭配白色床組提昇感性與知性魅力，床單使用同色系或鄰近色搭配營造女人的甜美氣息。

02 使用同色貫穿讓空間更完整
一樓沒有隔間牆，全部使用同一種顏色反而可連貫空間，避免視覺紛亂，而挑高的優勢，即便空間刷滿紫色漆也顯得開闊。

02

case **70**
我愛幸福朱古力色

文＿摩比　圖片提供＿德力設計

得利電腦調色漆參考色票
Dulux 40YY 20/081

01 萃取自咖啡原豆的氣味
選用萃取自咖啡原豆的食物本色，再加上同屬暖色
系的紅色沙發，饒富溫暖氣息，宛如置身個性咖啡
雅座。

01

155

得利電腦調色漆參考色票
Dulux 30YY 14/070

02 宜人宜居的大地藕色
用餐空間不一定非選促進食慾的色彩，三次色的大地色（藕色）也相當適合膳食空間。餐廳主色從餐廳一路蔓延到客房，讓空間更純粹大方。

03 實木地板回收在利用
視牆與對稱設計的滑門，是利用未變更前的客房實木地板製作的，而配色也是從此找到對應的靈感。為了讓空間更聚焦，電視櫃兩側採推拉暗門設計，讓客廳的氛圍不受雜物所干擾。

04 安定心神的藕色很適合睡房
藕色搭配天花板的極光白，顯得更清爽。兩側的金黃色吊燈自然成了整體空間的視覺焦點。傢飾部份則選用白色與紫色的床具組與之呼應。

根據此宅的特性以及屋主期待的空間風格走向，設計師首先以「拉長中軸線」的方式進行空間配置，局部變更並採「雙滑門設計」與「摺疊門設計」讓空間的視覺得以延伸不受侷限，居主者在行進之間，感受環環相扣的住家場域。由於屋主堅持保留三房兩廳的配置，但又鍾情開放的空間設計，所以本宅利用了大量的推拉門暗門摺疊門去分割空間，配置臥榻式的客房，以及可彈性擴充的書房等等滿足屋主的需求。鍾愛北歐設計又喜歡喝咖啡的屋主，給了設計師最佳的靈感，選用萃取自咖啡原豆的食物本色，再加上同屬暖色系的紅色沙發，宛如置身個性咖啡雅座。偏暖色系的紅色與咖啡色組合，創造出有別於在台灣常見的素白簡約系的北歐風尚，讓冷冽的北國多一份暖意。另外，為了突顯空間既有的高挑性格，設計師選用的巧克力色，也達到收縮色的壓縮作用，讓整體挑高空間達到一個平衡的尺度。

Home Data
台北市／30坪／建材 灰鏡、烤漆玻璃、鐵件、拋光石英磚、秋香木、煙燻橡木、緬甸柚木地板、波斯灰大理石、非洲黑檀木

得利電腦調色漆參考色票
Dulux 30RR 22/031

得利電腦調色漆參考色票
Dulux 50GY 53/017

國家圖書館出版品預行編目資料

家，這樣配色才有風格　從鄉村、北歐、古典
、現代風到木空間，設計師教你展現風格的
300個配色idea ／得利色彩研究室著
－－初版－－臺北市；麥浩斯出版；
家庭傳媒城邦分公司發行，2013.09
面；　公分－－(Style ; 27)
ISBN 978-986-5802-21-9(平裝)
1.室內設計 2.色彩學

422.5　　　　　　　　　　　　　102017113

Style 27

家，這樣配色才有風格

從鄉村、北歐、古典、現代風到木空間，設計師教你展現風格的 300 個配色 idea

作者｜ 得利色彩研究室
責任編輯｜ 王玉瑤
文字編輯｜ patricia・柯霈婕・劉禹伶・鄭雅分・摩比・張麗寶・楊宜倩・蔡竺玲・王玉瑤・張立德
張華承・陳淑萍・楊麗琴
封面&版型設計｜ 鄭若誼
美術設計｜ 鄭若誼・白淑貞

發行人｜ 何飛鵬
社長｜ 許彩雪
副社長｜ 林孟葦
總編輯｜ 張麗寶
叢書副主編｜ 楊宜倩

出版｜ 城邦文化事業股份有限公司 麥浩斯出版
地址｜ 104台北市中山區民生東路二段141號8樓
電話｜ 02-2500-7578
E-mail｜ cs@myhomelife.com.tw

發行｜ 英屬蓋曼群島商家庭傳媒股份有限公司城邦分公司
地址｜ 104台北市民生東路二段141號2樓
讀者服務專線｜ 0800-020-299 （週一至週五上午09:30～12:00；下午13:30～P17:00）
讀者服務傳真｜ 02-2517-0999
E-mail｜ service@cite.com.tw
劃撥帳號｜ 1983-3516
劃撥戶名｜ 英屬蓋曼群島商家庭傳媒股份有限公司城邦分公司

香港發行｜ 城邦(香港)出版集團有限公司
地址｜ 香港灣仔駱克道193號東超商業中心1樓
電話｜ 852-2508-6231
傳真｜ 852-2578-9337

馬新發行｜ 城邦(馬新)出版集團 Cite (M) Sdn. Bhd
地址｜ 41, Jalan Radin Anum, Bandar Baru Sri Petaling,
57000 Kuala Lumpur, Malaysia.
電話｜ 603-9057-8822
傳真｜ 603-9057-6622

總經銷｜ 高見文化行銷股份有限公司
電話｜ 02-2668-9005
傳真｜ 02-2668-6220

製版印刷｜ 凱林彩印股份有限公司
版次｜ 2013年9月初版一刷
定價｜ 新台幣299元整